自然资源研究丛书

广西观赏植物图谱
草本篇

叶明琴　周　琼　孙利娜　主编

广西科学技术出版社
·南宁·

图书在版编目（CIP）数据

广西观赏植物图谱 . 草本篇 / 叶明琴，周琼，孙利娜主编 . —南宁：广西科学技术出版社，2024.10

ISBN 978-7-5551-1744-5

Ⅰ . ①广… Ⅱ . ①叶… ②周… ③孙… Ⅲ . ①草本植物—观赏植物—广西—图谱 Ⅳ . ① Q948.526.7-64

中国版本图书馆 CIP 数据核字（2021）第 271625 号

GUANGXI GUANSHANG ZHIWU TUPU　CAOBEN PIAN

广西观赏植物图谱　草本篇

主　编　叶明琴　周　琼　孙利娜

责任编辑：梁珂珂　　　　　　　　　装帧设计：梁　良
责任校对：池庆松　　　　　　　　　责任印制：陆　弟

出 版 人：岑　刚　　　　　　　　　出版发行：广西科学技术出版社
社　　址：广西南宁市东葛路 66 号　邮政编码：530023
网　　址：http://www.gxkjs.com

经　　销：全国各地新华书店
印　　刷：广西民族印刷包装集团有限公司

开　　本：889 mm×1240 mm　1/16
字　　数：182 千字　　　　　　　　印　　张：11.25
版　　次：2024 年 10 月第 1 版　　　印　　次：2024 年 10 月第 1 次印刷
书　　号：ISBN 978-7-5551-1744-5
定　　价：198.00 元

《广西观赏植物图谱·草本篇》
编委会

主　　编：叶明琴　周　琼　孙利娜

副 主 编：冷光明　林建勇　罗小三　陈　尔

编　　委：叶明琴[1]　周　琼[1]　刘斯萌[1]　冷光明[2]

　　　　　罗小三[2]　孙利娜[3]　林建勇[3]　陶　溦[1]

　　　　　陈　尔[3]　李进华[3]　孙开道[3]　林　茂[3]

　　　　　唐　庆[3]　杨开太[3]　杨舒婷[3]　石继清[3]

　　　　　吴国文[3]　马坚炜[3]　刘雁玲[3]

编著单位：1. 广西大学

　　　　　2. 广西壮族自治区林业局

　　　　　3. 广西壮族自治区林业科学研究院

前　言

　　广西地处南亚热带季风气候区，在太阳辐射、大气环流和地理环境的共同作用下，形成了气候温暖、雨热充沛、日照适中、冬短夏长的气候特点。得天独厚的自然资源和特殊的地理环境造就了广西丰富的生物多样性。文献资料记载，广西物种资源种类位居全国第三位，具有开发前景的观赏植物1400多种，素有"花卉宝库"之称。为进一步掌握广西观赏植物的种类、分布、生长状况等信息，挖掘新优和特色观赏植物资源，进一步加快推进广西花卉苗木产业发展，编写团队对广西各地的观赏植物进行资源调查和照片采集，并将结果汇编成册。本套书共三册，分别为乔木篇、灌木篇和草本篇，其中草本篇介绍了60科152种植物。书中详细介绍各观赏植物，包括中文名、拉丁名、别名、形态特征、花果期、产地与分布、生态习性、繁殖方法、观赏特性与应用等，每个物种配多幅图片。

　　本书各科的排列，蕨类植物按秦仁昌1978年系统排列，裸子植物按郑万钧、傅立国1977年《中国植物志》（第七卷）的分类系统排列，被子植物按哈钦松系统排列。属、种按拉丁学名字母顺序排列。书中植物的中文名、拉丁名、形态特征、生态习性、产地与分布的描述参考《中国植物志》《广西树木志》《广西植物名录》等。

　　本书的出版获广西壮族自治区林业局2018年自治区本级部门预算林业花卉产业示范补助项目"广西主要乡土观赏树种名录"的支持；编写过程中得到了广西壮族自治区林业科学研究院梁瑞龙教授级高级工程师及林建勇高级工程师的无私帮助，在此对他们表示衷心感谢。

　　本书通过大量实物照片展示广西主要观赏植物，可为广西花卉苗木总体规划和布局、生产、园林应用提供依据和参考，也可为从事广西观赏植物资源研究的师生提供参考。受编者时间、精力等条件限制，书中遗漏或错误之处在所难免，敬请广大读者和专家批评指正并提出宝贵意见。

编　者

2023 年 12 月

目　录

卷柏科

卷柏 *Selaginella tamariscina* (P. Beauv.) Spring

科　　属：卷柏科卷柏属。

别　　名：九死还魂草、还魂草、见水还。

形态特征：根托生于茎基部，多分叉，密被毛。茎卵状圆柱形，光滑；主茎非"之"字形，无关节，禾秆色或棕色。叶交互排列，二型；叶片光滑，边缘具白边，覆瓦状排列，绿色或棕色；分枝上的腋叶对称，卵形或卵状三角形，黑褐色；小枝上的中叶不对称，椭圆形；小枝上的侧叶卵形至三角形，相互重叠，基部具细齿或睫毛，反卷。孢子囊穗四棱柱形，单生于小枝末端；孢子叶卵状三角形，边缘具细齿和白边。大孢子浅黄色，小孢子橘黄色。

产地与分布：产于我国安徽、北京、重庆、福建、贵州、广东、海南、湖北、河北、河南、江苏、江西、吉林、辽宁、内蒙古、青海、陕西、山东、四川、台湾、云南、浙江等省（自治区、直辖市）和广西贵港市、上思县、藤县。西伯利亚、朝鲜半岛和日本、印度、菲律宾也有分布。常见于海拔（60）500~1500（2100）m 的石灰岩上。

生态习性：耐贫瘠和干旱，遇极干旱天气时小枝皱缩进入假死状态，水分充足时"复活"。在温暖环境中生长良好，最适生长温度为 20℃。盆栽植株越冬温度不低于 0℃。喜半阴。

繁殖方法：扦插繁殖。

观赏特性与应用：单株种植，可制成微型盆景。可盆栽或配置成山石盆景观赏。园林中多种植于假山、山石护坡。

翠云草 *Selaginella uncinata* (Desv.) Spring

科　　属：卷柏科卷柏属。

别　　名：金光珊瑚蕨、情人草、珊瑚蕨、吊兰翠、盆栽幸福草、蓝地柏、绿绒草。

形态特征：土生。主茎先直立后攀缘，长 50 ~ 100 cm，无横走地下茎；茎伏地蔓生，极细软，多分枝，分枝处常生不定根；主茎禾秆色，圆柱形，具沟槽，无毛。叶二型；叶片卵形，蓝绿色；营养叶二型，背腹 2 列，腹叶长卵形，背叶矩圆形；孢子叶卵状三角形，边缘全缘，具白边，龙骨状。孢子囊穗四棱柱形。大孢子灰白色或暗褐色，小孢子淡黄色。

产地与分布：我国特有种。产于安徽、重庆、福建、广东、贵州、湖北、湖南、江西、陕西、四川、浙江等省（直辖市）和广西桂林、南宁等市及巴马、凤山、罗城、龙州、融水等县。其他国家也有栽培。生于海拔 50 ~ 1200 m 的林下。

生态习性：适宜生于山地林下或岩洞中湿润的半阴环境中，喜弱酸性土和酸性土。

繁殖方法：分株繁殖、扦插繁殖。

观赏特性与应用：株态奇特，羽叶似云纹，四季翠绿，有蓝绿色荧光，既可作优良的乡土地被植物，也可作盆栽或点缀装饰。

凤尾蕨科

铁线蕨 *Adiantum capillus-veneris* L.

科　　属：凤尾蕨科铁线蕨属。

别　　名：银杏蕨、条裂铁线蕨。

形态特征：常散生或成片生长，较低矮，株高 15～40 cm。叶片卵状三角形，薄草质，中部以下二回羽状；小羽片斜扇形或斜方形，外缘浅裂至深裂；裂片狭，不育裂片先端钝圆并具细齿，能育裂片先端平截、直或略凹且边缘全缘或具啮齿状齿；叶脉扇状分叉；叶柄栗黑色，仅基部具鳞片。孢子囊群每羽片 3～10 个，生于由变质裂片先端反折的囊群盖下面；囊群盖圆肾形至矩圆形，边缘全缘。

产地与分布：在我国广泛分布于台湾、福建、广东、广西、湖南、湖北、江西、贵州、云南、四川、甘肃、陕西、山西、河南、河北、北京等地。非洲、美洲、欧洲、大洋洲及亚洲其他温暖地区也有分布。常生于海拔 100～2800 m 的溪旁石灰岩上、石灰岩洞底和滴水岩壁上。

生态习性：喜温暖、湿润的半阳环境，耐阴性良好，忌高强光直射。多生于中性土或微碱性土上。为良好的钙质土指示植物。

繁殖方法：分株繁殖、孢子繁殖、组织培养。

观赏特性与应用：株形小巧，形态别致，适宜作小型盆栽或点缀山石盆景。可置于案头、窗台、矮柜之上，或置于门厅、走廊、台阶，也可悬吊布置。在江南园林中，用来布置假山缝隙和背阴屋角。是切花或干花的理想材料。

铁角蕨科

巢蕨 *Asplenium nidus* L.

科　　属：铁角蕨科铁角蕨属。

别　　名：鸟巢蕨、台湾山苏花、山苏花、尖头巢蕨。

形态特征：株高 1～1.2 m。根状茎直立，木质，深棕色，线形，顶部密被鳞片；下部具粗铁丝状的匍匐茎向四方横展，匍匐茎棕褐色。叶片厚纸质或薄革质，干后灰绿色，两面均无毛，阔披针形，长 90～120 cm，先端渐尖或尖，边缘全缘并具软骨质的狭边，干后反卷；主脉在背面隆起为半圆形，腹面具阔纵沟，表面平滑，暗禾秆色；小脉在两面均稍隆起，分叉或单一，平行。孢子囊群线形，生于小脉的上侧，彼此接近，叶片下部通常不育；囊群盖线形，浅棕色，厚膜质，边缘全缘，宿存。

产地与分布：产于我国台湾、广东、海南、贵州、云南、西藏等省（自治区）和广西那坡等县。斯里兰卡、印度、缅甸、柬埔寨、越南、日本、菲律宾、马来西亚、印度尼西亚以及大洋洲热带地区、非洲东部也有分布。成丛附生于海拔 100～1900 m 的雨林内树干上或岩石上。

生态习性：喜高温、湿润的环境，不耐强光。

繁殖方法：孢子繁殖、分株繁殖。

观赏特性与应用：大型阴生观叶植物。常用来制作吊盆，可作宾馆、庭院的装饰。在南方庭院中，常悬挂于室外棚架和林下，或种植于热带园林树木下和假山岩石上，是营造雨林景观和组建热带植物园的首选植物。

肾蕨科

肾蕨 *Nephrolepis cordifolia* (Linnaeus) C. Presl

科　　属：肾蕨科肾蕨属。

别　　名：波士顿蕨、石黄皮。

形态特征：根状茎直立，被淡棕色长钻形鳞片。下部具棕褐色匍匐茎及须根；匍匐茎上具近球形的块茎，密被鳞片。叶簇生，近无柄，以关节着生于叶轴；叶片暗褐色，干后棕绿色或褐棕色，光滑，坚草质或草质，线状披针形或狭披针形，先端短尖，叶轴两侧被纤维状鳞片，边缘具钝齿；羽片多数，互生，常密集成覆瓦状排列，披针形。孢子囊群位于主脉两侧，肾形。

产地与分布：产于我国浙江、福建、台湾、广东、海南、广西、贵州、云南、西藏等地及湖南南部。广泛分布于热带及亚热带地区。生于海拔 30 ~ 1500 m 的溪边林下。

生态习性：喜温暖、潮湿和半阴的环境，不耐寒，较耐旱，耐瘠薄，忌强光直射。以疏松、肥沃、透气的中性或微酸性砂壤土为宜。

繁殖方法：孢子繁殖、块茎繁殖、匍匐茎繁殖。

观赏特性与应用：盆栽可点缀书桌、茶几、窗台和阳台。也可栽于吊盆悬挂于客厅和书房。在园林中可作阴性地被植物或布置墙角、假山和水池边。叶片可作切花、插瓶的陪衬材料。

水龙骨科

鹿角蕨 *Platycerium wallichii* Hook.

科　　属：水龙骨科鹿角蕨属。

别　　名：重裂鹿角蕨、长叶鹿角蕨、爪哇鹿角蕨、麋角蕨。

形态特征：附生植物。根状茎肉质，密被鳞片；鳞片淡棕色或灰白色，中间深褐色。叶2列，二型；基生不育叶宿存，厚革质，下部肉质，直立无柄，贴生于树干上，长宽近相等，先端截形，3~5叉裂，裂片近等长，头钝圆或尖，边缘全缘；能育叶常成对生长，下垂，灰绿色，分裂成不等大的3枚主裂片，内侧裂片和中裂片都能育，外侧裂片最小，不育，裂片边缘全缘，通体被灰白色星状毛，叶脉粗而突出。

产地与分布：产于我国云南西南部盈江县那邦镇。缅甸、印度东北部、泰国也有分布。分布于海拔210~950 m的山地雨林中。

生态习性：喜温暖、湿润和半阴的环境，较耐旱但不耐寒，怕强光。适宜生长在疏松、肥沃的腐叶土中。

繁殖方法：组织培养、孢子繁殖、分株繁殖。

观赏特性与应用：可作室内及温室的悬挂植物，点缀客厅、窗台、书房等，营造"壁上生花"的自然雅趣。国家重点保护野生植物（二级）。

石松科

石松 *Lycopodium japonicum* Thunb. ex Murray

科　　属：石松科石松属。

别　　名：伸筋草、石松子。

形态特征：土生多年生植物。匍匐茎地上生，绿色，被稀疏的叶。侧枝直立，高达 40 cm，多回二叉分枝，稀疏，压扁状；幼枝圆柱状。叶螺旋状排列；披针形或线状披针形，基部楔形，先端渐尖，具透明发丝，边缘全缘，草质，中脉不明显；无柄。孢子囊穗 4~8 个集生于总柄上，直立，圆柱形；总柄上苞片螺旋状着生，薄草质，形状如叶片；孢子叶阔卵形，先端急尖，具芒状长尖头，边缘膜质；孢子囊生于孢子叶腋，圆肾形，黄色。

产地与分布：产于我国除东北、华北外的其他地区。日本、印度、缅甸、不丹、尼泊尔、越南、老挝、柬埔寨及南亚诸国也有分布。生于海拔 100~3300 m 的林下、灌丛下、草坡、路边或岩石上。

生态习性：多生于林下湿润、富含腐殖质的土壤中或苔藓丛中。

繁殖方法：孢子繁殖、分株繁殖。

观赏特性与应用：四季常青，枝叶美观，是良好的插花材料及草坪、地被绿化观赏植物。

胡椒科

西瓜皮椒草 *Peperomia argyreia* (Miq.) E. Morren

科　　属：胡椒科草胡椒属。

别　　名：皱叶豆瓣绿、四棱椒草、紫叶椒草、豆瓣绿椒草。

形态特征：多年生草本植物，终年常绿。茎短，丛生。叶柄红褐色；叶卵圆形，尾端尖；叶脉由中央向四周辐射，主脉 8 条，浓绿色，脉间为银灰色，状似西瓜皮，故名西瓜皮椒草。

花 果 期：花期 4~5 月。

产地与分布：原产于美洲热带地区。广泛分布于热带与亚热带地区。

生态习性：喜温暖、湿润的半阴环境，忌烈日直射，不耐寒，最适生长温度为 18~28℃，夏季要遮阳降温，越冬温度为 10~15℃，气温过低植株易受冻害，温度低于 5℃植株会受寒害。喜深厚肥沃、富含腐殖质的酸性土。

繁殖方法：播种繁殖、扦插繁殖、分株繁殖。

观赏特性与应用：叶片褐绿色，具有金属光泽，是流行的小型室内观叶植物。适于盆栽，可点缀书桌、书架、案头和阳台。

花叶垂椒草 *Peperomia serpens* 'Variegata'

科　　属：胡椒科草胡椒属。

别　　名：蔓性椒草、假蔓绿绒、月光椒草、花叶蔓生椒草、花叶椒草。

形态特征：多年生常绿草本植物。茎蔓生或匍匐，圆形，肉质而多汁。叶长心形，叶面蜡质，淡绿色；边缘有黄白色或淡黄色斑纹。

花 果 期：夏季开花。

产地与分布：原产于马来西亚。在我国分布于台湾、福建、广东、广西、贵州、云南、四川、甘肃南部和西藏南部。

生态习性：喜温暖、湿润和半阴的环境，稍耐干旱，不耐寒，忌阴湿，以疏松、肥沃、排水良好的壤土为佳。

繁殖方法：扦插繁殖。

观赏特性与应用：枝叶细巧垂挂，叶面具美丽的斑纹，宜装饰窗台、橱顶等处，也可作室内垂挂装饰。

莲 科

莲 *Nelumbo nucifera* **Gaertn.**

科　　属：莲科莲属。

别　　名：荷花、菡萏、芙蓉、芙蕖、莲花、碗莲、缸莲。

形态特征：根状茎横生，肥厚；节间膨大，内有多数纵行通气孔道；节部缢缩，上生黑色鳞叶，下生须状不定根。叶片圆形，盾状，光滑，具白粉；叶柄粗壮，圆柱形，中空，外面散生小刺。花梗和叶柄等长或比叶柄稍长，也散生小刺；花瓣红色、粉红色或白色，矩圆状椭圆形至倒卵形，由外向内渐小，先端钝圆或微尖。坚果椭圆形或卵形；果皮革质，坚硬，熟时黑褐色。种子（莲子）卵形或椭圆形，种皮红色或白色。

花　果　期：花期6~8月，果期8~10月。

产地与分布：产于我国各地。俄罗斯、朝鲜、日本、印度、越南、亚洲南部和大洋洲有分布。

生态习性：典型的湿地植物，整个生长期都离不开水，喜相对稳定的静水。强阳性花卉，生育期需要全光照环境。极不耐阴，在半阴处生长会表现出强烈的趋光性。对土壤适应性较强，在各种类型的土壤中均能生长。

繁殖方法：种子繁育、分藕栽植。

观赏特性与应用：在山水园林中作主题水景植物，亦可作夏季观赏花卉，还可制作盆景。

睡莲科

睡莲 *Nymphaea tetragona* Georgi

科　　属：睡莲科睡莲属。

别　　名：子午莲、粉色睡莲、野生睡莲、矮睡莲、侏儒睡莲。

形态特征：多年生浮叶型水生草本植物。根状茎肥厚，直立或匍匐。叶二型；浮水叶浮生于水面，圆形、椭圆形或卵形，先端钝圆，基部深裂成马蹄形或心脏形，边缘波状全缘或有齿；沉水叶薄膜质，柔弱。花单生，花有大小与颜色之分，浮水或挺水开花；萼片4枚，花瓣、雄蕊多。浆果绵质，在水中成熟，不规律开裂。种子坚硬，深绿色或黑褐色，为胶质包裹，有假种皮。

花 果 期：花期7~10月，果期8~10月。

产地与分布：在我国广泛分布。俄罗斯、朝鲜、日本、印度、越南、美国有分布。生于池沼中。

生态习性：喜阳光，要求通风良好。对土壤要求不高，以黏性较高且富含有机质的壤土最佳。

繁殖方法：分株繁殖、播种繁殖。

观赏特性与应用：可池塘片植和盆栽，还可结合景观需要，选用外形美观的盆缸，摆放于建筑、雕塑、假山前。微型品种可种植于考究的小盆中，点缀、美化居室环境。

毛茛科

飞燕草 *Consolida ajacis* (L.) Schur

科　　属：毛茛科飞燕草属。

别　　名：大花飞燕草、鸽子花、百部草、鸡爪连、千鸟草、萝小花、千鸟花。

形态特征：多年生草本植物。茎高约 60 cm，与花序均被短柔毛。茎下部叶具长柄，开花时多枯萎，中部以上叶具短柄；叶片掌状细裂，狭线形小裂片有短柔毛。花序生于茎或分枝顶端；花形别致似飞燕，下部苞片叶状，上部苞片小而不分裂，线形；萼片紫色、粉红色或白色，宽卵形，外面中央疏被短柔毛，距钻形；花瓣瓣片三裂，先端二浅裂，侧裂片与中裂片成直角展出，卵形。种子长约 2 mm。

花 果 期：花期 8～9 月，果期 9～10 月。

产地与分布：原产于欧洲南部和亚洲西南部。我国各地有栽培。

生态习性：喜光，稍耐阴，生长期可在半阴处，花期需充足阳光。喜肥沃、湿润、排水良好的酸性土，耐旱和稍耐水湿。

繁殖方法：播种繁殖、分株繁殖。

观赏特性与应用：花形别致，开放时如蓝色飞燕落满枝头，适于园林绿化、绿地点缀。可丛植于花坛、花境，也可作切花。

旱金莲 *Trollius chinensis* Bunge

科　　属：毛茛科金莲花属。

别　　名：阿勒泰金莲花、旱荷、陆地莲、旱地莲。

形态特征：一年生或多年生草本植物。全株无毛。株高30~100 cm。茎柔软攀附。叶圆形似荷叶。花形似喇叭；萼筒细长，金黄色；花瓣5片，通常圆形，边缘具缺刻，上部2片通常边缘全缘，长2.5~5 cm，宽1~1.8 cm，着生于距的开口处，下部3片基部狭窄成爪，近爪处边缘具睫毛。蓇葖果具稍明显的脉网，喙长约1 mm。种子近倒卵球形，黑色，光滑，具4~5棱角。

花果期：花期6~7月，果期8~9月。

产地与分布：分布于山西、河南北部、河北、内蒙古东部、辽宁和吉林西部等。生于海拔1000~2200 m的山地草坡或疏林下。

生态习性：喜湿怕涝，喜冷凉、湿润的环境，花、叶趋光性强，以疏松、肥力中等和排水良好的砂壤土为宜。盆栽土以培养土和粗砂兑半为宜。

繁殖方法：播种繁殖、扦插繁殖。

观赏特性与应用：适种植于园林假山、置石勾缝、墙边等处，亦可作花坛、花带、花境植物。庭院内可种植于花坛内或墙边，让其顺墙攀附。室内可作盆栽，布置于阳台、窗台、茶几等处。可吊篮盆栽，用以点缀室内空间；也可窗箱栽培，构成窗景；还可用细竹做支架造型任其攀附。

罂粟科

虞美人 *Papaver rhoeas* L.

科　　属：罂粟科罂粟属。

别　　名：丽春花、赛牡丹、锦被花、百般娇、蝴蝶满园春。

形态特征：茎直立，高 25 ~ 90 cm，具分枝，被淡黄色刚毛。叶互生；叶片披针形或狭卵形，羽状分裂，全裂片披针形，两面被淡黄色刚毛，叶脉在背面突起；下部叶具柄，上部叶无柄。花单生于茎和分枝顶端；花梗被淡黄色平展的刚毛；花蕾长圆状倒卵形，下垂；萼片 2 枚，宽椭圆形，绿色，外面被刚毛；花瓣 4 片，圆形、横向宽椭圆形或宽倒卵形，边缘全缘，稀圆齿状或顶端缺刻状，紫红色，基部通常具深紫色斑点。蒴果宽倒卵形，无毛。种子肾状长圆形。

花 果 期：花期 3 ~ 8 月。

产地与分布：原产于欧洲，我国各地常栽培。

生态习性：较耐寒，怕暑热，喜阳光充足的环境，怕涝，宜在排水良好的砂壤土中栽植。

繁殖方法：播种繁殖。

观赏特性与应用：适宜条植或片植于篱旁、路边，也可丛植于草坪、院落。

苋　科

尾穗苋 *Amaranthus caudatus* L.

科　　属：苋科苋属。

别　　名：老枪谷、籽粒苋。

形态特征：一年生草本植物。株高达 15 cm。茎直立，具钝棱角，绿色或常带粉红色。叶片菱状卵形或菱状披针形，先端短渐尖或钝圆，具凸尖，基部宽楔形，边缘全缘或波状，绿色或红色；叶柄绿色或粉红色，疏生柔毛。圆锥花序顶生，下垂，具多数分枝，顶端钝；花密集成雌花和雄花混生的花簇；花被片红色，透明，顶端具凸尖。胞果近球形。种子近球形，淡棕黄色，具厚环。

花果期：花期 7～8 月，果期 9～10 月。

产地与分布：原产于热带地区，全球各地有栽培。有时逸为野生。

生态习性：喜温暖、干燥的气候，不耐阴，不耐旱，适宜种植在地势高、向阳、肥沃、排水良好的砂土中。

繁殖方法：播种繁殖。

观赏特性与应用：可种植于花境、花坛，点缀树丛外缘，还可作盆栽观赏，也可作切花观赏。干花可作装饰。

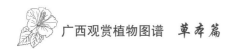
青葙 *Celosia argentea* L.

科　　属：苋科青葙属。

别　　名：狗尾草、百日红、鸡冠花、野鸡冠花、指天笔、海南青葙。

形态特征：一年生草本植物。株高 0.3～1 m，全株无毛。茎直立，有分枝，绿色或红色，具明显的条纹。叶片矩圆状披针形、披针形或披针状条形，绿色常带红色，先端急尖或渐尖，具小芒尖，基部渐狭。花密生，在茎端或枝端成塔状或圆柱状穗状花序；花被片矩圆状披针形，初为白色顶端带红色或全部粉红色，后变为白色，顶端渐尖，具 1 条中脉，中脉在背面突起。胞果卵形，包裹在宿存花被片内。种子凸透镜状肾形。

花 果 期：花期 5～8 月，果期 6～10 月。

产地与分布：分布几乎遍布全国。朝鲜、日本、俄罗斯、印度、越南、缅甸、泰国、菲律宾、马来西亚及非洲热带地区也有分布。野生或栽培，生于海拔 1100 m 的平原、田边、丘陵、山坡。

生态习性：喜温暖，耐热，有一定的抗寒性和耐旱性。耐瘠薄，抗逆性强，喜生于石灰性土和肥沃的砂壤土中，在黏土中也能生长，但生长速度缓慢，在低洼积水的地方容易烂根。

繁殖方法：播种繁殖。

观赏特性与应用：具有生长缓慢、寿命长、耐修剪、干粗枝柔、叶圆根露、枝间易愈合、极易造型等特点，是制作盆景的好材料，也可作切花，瓶养花时间长。适宜园林种植。

鸡冠花 *Celosia cristata* L.

科　　属：苋科青葙属。

别　　名：鸡髻花、鸡公花、鸡角枪、鸡冠头、鸡骨子花、老来少、红鸡冠。

形态特征：一年生草本植物。株高 60～90 cm，全株无毛。茎直立，粗壮。叶卵形、卵状披针形或披针形，先端渐尖，基部渐狭，边缘全缘。花序顶生，扁平鸡冠状，中部以下多花；苞片、小苞片和花被片紫色、黄色或淡红色，干膜质，宿存；雄蕊花丝下部合生成杯状。胞果卵形，长 3 mm，盖裂，包裹在宿存花被内。

花 果 期：花期 7～9 月，果熟期 9～10 月。

产地与分布：原产于非洲、美洲热带地区和印度，世界各地广泛栽培。我国各地均有栽培，广泛分布于温暖地区。

生态习性：喜温暖、干燥的气候，怕干旱，喜阳光，不耐涝，对土壤要求不严，一般土壤都能种植。

繁殖方法：播种繁殖。

观赏特性与应用：高型品种用于花境、花坛，也可作切花或制成干花，作切花经久不凋。矮型品种可作盆栽或种植于花坛边缘。

凤尾鸡冠 *Celosia cristata* 'Plumosa'

科　　属：苋科青葙属。

别　　名：芦花鸡冠、扫帚鸡冠、火炬鸡冠、鸡公花、鸡冠头、鸡髻花、鸡角松、鸡角栀、鸡冠苋。

形态特征：一年生草本植物。株高 30 ~ 80 cm，全株多分枝而开展。茎粗壮，有棱。叶卵圆状披针形。各枝端着生疏松的火焰状花序，表面似芦花状细穗；花色富变化，有银白色、乳黄色、橙红色、玫红色至暗紫色，单色或复色。

花 果 期：花期 7 ~ 10 月，果期 9 ~ 11 月。

产地与分布：我国各地有栽培，广泛分布于温暖地区。

生态习性：喜阳光，耐贫瘠，怕积水，不耐寒，在高温、干燥的气候中生长良好。

繁殖方法：播种繁殖、组织培养。

观赏特性与应用：穗丰满，形似火炬，是夏秋两季的应时花材。可种植于花境、花坛中心。矮生品种适宜作花坛、草地的镶边或作盆栽观赏。有的品种可作切花。

千日红 *Gomphrena globosa* L.

科　　属：苋科千日红属。

别　　名：火球花、百日红、红火球。

形态特征：一年生直立草本植物。株高 20～60 cm。茎粗壮，具分枝，有灰色糙毛，节部稍膨大。叶片纸质，长椭圆形或矩圆状倒卵形，先端急尖或钝圆，边缘波状，两面有小斑点、白色长柔毛及缘毛。花密生成顶生球形或矩圆形头状花序，常紫红色，有时淡紫色或白色；小苞片三角状披针形，紫红色；花被片披针形，外面密生白色绵毛；雄蕊花丝连合成管状，顶端 5 浅裂。胞果近球形。种子肾形，棕色，光亮。

花 果 期：花期 6～7 月，果期 8～9 月。

产地与分布：原产于美洲热带地区。热带和亚热带地区常见花卉，我国长江以南普遍种植。

生态习性：喜阳光，生性强健，旱生，耐干热，耐旱，不耐寒，怕积水，喜疏松、肥沃的土壤。

繁殖方法：播种繁殖、扦插繁殖。

观赏特性与应用：多种植于庭院、公园，是布置花坛的好材料，也适宜应用于花境。

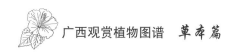

马齿苋科

大花马齿苋 *Portulaca grandiflora* Hook.

科　　属：马齿苋科马齿苋属。

别　　名：太阳花、午时花、洋马齿苋、松叶牡丹、半支莲、死不了。

形态特征：一年生草本植物。株高 10～30 cm。茎平卧或斜升，紫红色，多分枝，节上丛生毛。叶片细圆柱形，先端钝圆，无毛；叶柄极短或近无柄；叶腋常生 1 撮白色长柔毛。花单生或簇生，日开夜闭；总苞片 8～9 枚，叶状，轮生，具白色长柔毛；花瓣 5 片或重瓣，倒卵形，红色、紫色或黄白色。蒴果近椭圆形，盖裂。种子细小，圆肾形，铅灰色、灰褐色或灰黑色。

花 果 期：花期 6～9 月，果期 8～11 月。

产地与分布：原产于南美洲的巴西、阿根廷、乌拉圭等。我国各地有栽培，大部分生于山坡、田野间。

生态习性：喜温，不耐寒，必须栽植于阳光充足的地方，在阴暗潮湿处生长不良。极耐瘠薄，怕水涝，一般土壤都能适应，特别钟爱排水良好的砂土。见阳光花开，早、晚、阴天闭合，故有"太阳花""午时花"之名。

繁殖方法：播种繁殖、分株繁殖、扦插繁殖。

观赏特性与应用：装饰草地和坡地的优良配花，也适宜种植于花坛边缘，可作盆栽置于阳台、窗台、走廊和门前等处观赏。

土人参 *Talinum paniculatum* (Jacq.) Gaertn.

科　　属：马齿苋科土人参属。

别　　名：栌兰、土洋参、福参、申时花、假人参、参草、土高丽参、煮饭花。

形态特征：一年生或多年生草本植物。全株无毛，高达 100 cm。主根圆锥形。茎直立，肉质。叶互生或近对生；叶片稍肉质，倒卵形或倒卵状长椭圆形，先端急尖，有时微凹，具短尖头，基部狭楔形，边缘全缘。圆锥花序顶生或腋生；花小；总苞片绿色或近红色，圆形；苞片膜质，披针形，顶端急尖，紫红色，早落；花瓣粉红色或淡紫红色。蒴果近球形。种子多数，扁圆形。

花果期：花期 6～7 月，果期 9～10 月。

产地与分布：原产于美洲热带地区，分布于非洲西部、南美洲热带地区和东南亚国家等。在我国分布于浙江、江苏、安徽、福建、河南、广西、广东、四川、贵州、云南等地。

生态习性：喜欢温暖、湿润的气候，耐高温高湿，不耐寒冷，喜光，但也耐阴，茎叶生长期要求水分充足。抗逆性强，耐贫瘠，对土壤要求不严，但以有机质含量丰富、疏松的壤土栽培为宜。有的逸为野生，生于阴湿地。

繁殖方法：分株繁殖、播种繁殖。

观赏特性与应用：开小花，花期长，是插花的好品种。

石竹科

石竹 *Dianthus chinensis* L.

科　　属：石竹科石竹属。

别　　名：长萼石竹、丝叶石竹、蒙古石竹、北石竹、山竹子、大菊、瞿麦、蘧麦。

形态特征：多年生草本植物。株高 30 ~ 50 cm，全株无毛，带粉绿色。叶片线状披针形，先端渐尖，边缘全缘或具细小齿，中脉较明显。花单生或数朵集成聚伞花序；苞片 4 枚，卵形，顶端长渐尖，长达花萼的 1/2 以上；花萼圆筒形，有纵条纹，萼齿披针形；花瓣倒卵状三角形，紫红色、粉红色、鲜红色或白色，顶缘不整齐齿裂，喉部有斑纹，疏生髯毛；花药蓝色。蒴果圆筒形。种子黑色，扁圆形。

花果期：花期 5 ~ 6 月，果期 7 ~ 9 月。

产地与分布：原产于我国北方，现在南北各地普遍生长。朝鲜和俄罗斯西伯利亚地区也有分布。生于草原和山坡草地。

生态习性：喜阳光充足、通风及凉爽、湿润的气候，耐寒，耐干旱，不耐酷暑，夏季多生长不良或枯萎，适合在排水良好的砂土中生长，忌水涝。

繁殖方法：播种繁殖、扦插繁殖、分株繁殖。

观赏特性与应用：可种植于花坛、花境、花台或盆栽，也可种植于岩石园和草坪边缘作点缀。可大面积成片种植作景观地被材料。切花观赏性亦佳。

白花丹科

补血草 *Limonium sinense* (Girard) Kuntze

科　　属：白花丹科补血草属。

别　　名：中华补血草、匙叶矾松、盐云草、华蔓荆、匙叶草、海蔓荆、海蔓、海菠菜、白花玉钱香、鲂仔草、海赤芍。

形态特征：多年生草本植物。株高 15 ~ 60 cm，除萼外全株无毛。叶基生，淡绿色或灰绿色，倒卵状长圆形、长圆状披针形至披针形。花轴上部多次分枝；花集合成短而密的小穗，集生于花轴分枝顶端；小穗茎生叶退化为鳞片状，棕褐色，边缘白色膜质；花序伞房状或圆锥状；花冠黄色。

花果期：在北方花期为 7 月上旬至 11 月中旬，在南方花期为 4 ~ 12 月。

产地与分布：分布于我国滨海各地。生于沿海潮湿盐土或砂土上。

生态习性：在高温下栽培，开花受到明显抑制；在夜温 16℃以下栽培，开花良好；若在幼苗期已接受低温处理，则以后即使处于高温也开花。

繁殖方法：组织培养、播种繁殖。

观赏特性与应用：重要的配花材料，还可制成自然干花。

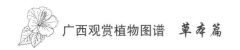

锦葵科

蜀葵 *Alcea rosea* Linnaeus

科　　属：锦葵科蜀葵属。

别　　名：饽饽团子、斗篷花、栽秧花、棋盘花、麻秆花、一丈红、淑气、熟芨花、小出气。

形态特征：二年生直立草本植物。株高达2 m。茎枝密被刺毛。叶大而粗糙，圆心形。花腋生，单生或近簇生，排列成总状花序；具叶状苞片；花瓣倒卵形，单瓣、半重瓣至重瓣，花繁色艳，有紫色、紫红色、淡红色、紫黑色、黄色、白色等。

花果期：花期2～8月。

产地与分布：原产于我国西南地区，全球各地广泛栽培供园林观赏。

生态习性：喜阳光充足，耐半阴、寒冷，忌涝。耐盐碱性强，在含盐量为0.6%的土壤中仍能生长，在疏松、肥沃、排水良好、富含有机质的砂土中生长良好。

繁殖方法：常播种繁殖，也可分株繁殖和扦插繁殖。

观赏特性与应用：宜种植于建筑、假山旁或用于点缀花坛、草坪，成列或成丛种植。矮生品种可作盆栽，陈列于门前，不宜久置室内。可作切花，供瓶插或作花篮、花束等。

玄参科

三色堇 *Viola tricolor* L.

科　　属：玄参科蝴蝶草属。

别　　名：猴面花、鬼脸花、猫儿脸。

形态特征：一年生、二年生或多年生草本植物。株高 10 ~ 40 cm。地上茎较粗，直立或稍倾斜，有棱，单一或多分枝。基生叶叶片长卵形或披针形，具长柄；茎生叶叶片卵形、长圆状圆形或长圆状披针形，先端圆或钝，基部圆，边缘具稀疏的圆齿或钝齿，上部叶叶柄较长，下部叶叶柄较短。花大，每个茎上有花 3 ~ 10 朵，通常每花有紫色、白色、黄色 3 色；上方花瓣深紫堇色，侧方及下方花瓣均为 3 色，有紫色条纹，侧方花瓣里面基部密被须毛，下方花瓣距较细。

花　果　期：花期 4 ~ 7 月，果期 5 ~ 8 月。

产地与分布：原产于欧洲，在我国主要分布于长江以南各地，尤以云南东南部和广西西南部分布最为集中。各地公园有栽培。

生态习性：喜冷凉至温暖的气候，耐寒抗霜，喜阳光，不耐高温，夏季生长发育转弱。日照长短比光照强度对开花的影响大，日照不良，则开花不佳。喜肥沃、排水良好、富含有机质的中性壤土或黏壤土，pH 值为 5.4 ~ 7.4。

繁殖方法：播种繁殖、扦插繁殖、分株繁殖。

观赏特性与应用：可作毛毡花坛、花丛花坛，成片、成线、成圆镶边种植均适宜。还适宜布置于花境、草坪边缘。不同品种与其他花卉配合种植能形成独特的早春景观。也可盆栽，用于布置阳台、窗台、台阶或点缀居室、书房、客堂。

秋海棠科

花叶秋海棠 *Begonia cathayana* Hemsl.

科　　属：秋海棠科秋海棠属。

别　　名：彩叶秋海棠、观叶秋海棠、蟆叶秋海棠。

形态特征：多年生具茎草本植物。根状茎伸长，圆柱状，扭曲，节处生出多数纤维状根。茎常有分枝，具棱，被较短褐色开展的毛。基生叶未见；茎生叶互生，具长柄，叶片两侧极不相等，轮廓极斜，卵形至宽卵形，先端渐尖至长渐尖，腹面深绿色，有一圈明显的红紫色的色带，密被短小硬毛，背面淡绿色，密被柔毛，沿脉被开展直毛。花粉红色，8～10朵。蒴果下垂。种子多数，小，长圆形，淡褐色，光滑。

花果期：花期8月，果期9月开始。

产地与分布：产于广西那坡县、防城港市、十万大山和云南西畴县、麻栗坡县、屏边苗族自治县。生于海拔1200～1500 m的混交林下、山坡山谷阴处、沟底潮湿处。

生态习性：喜温暖、湿润、半阴及空气湿度大的环境，忌强光直射。生长适宜温度为22～25℃，不耐高温，温度超过32℃则生长缓慢。适宜栽植于富含腐殖质、保水性强、排水畅通的培养土中。

繁殖方法：叶插繁殖。

观赏特性与应用：叶形优美，叶色绚丽，是极好的观叶植物。

四季海棠 *Begonia cucullata* Fotsch

科　　属：秋海棠科秋海棠属。

形态特征：由德国的育种家将球根秋海棠（*Begonia* × *tuberhybrida* Voss），与原生于中亚的野生索科秋海棠（*Begonia socotrana*）杂交的园艺品种。多年生草本植物。株高多在 40 cm 以下。茎枝肉质，多汁，易脆折，直立或略蔓垂。单叶互生；叶片卵圆形、歪心形，先端锐尖。花序侧生于叶腋，为复二歧聚伞花序；花朵硕大，花形多变，花色有红色、白色、黄色、橙色、粉色等，单瓣或重瓣。

花　果　期：花期秋冬季。

产地与分布：原产于德国，我国南方有引种栽培。

生态习性：喜温暖、不喜强光，不耐贫瘠，喜湿润，畏涝，不宜大水喷淋，雨季注意排水，喜疏松、肥沃的壤土。生长适宜温度为 16 ~ 30℃。

繁殖方法：分株繁殖、扦插繁殖和组织培养。

观赏特性与应用：可盆栽于室内，在我国南方也用于园林景观布景。可吊挂栽培，或丛植于公园路边、草地边缘，也适宜种植于花坛、花台观赏。

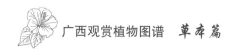

白花菜科

醉蝶花 *Tarenaya hassleriana* (Chodat) Iltis

科　　属：白花菜科醉蝶花属。

别　　名：蝴蝶梅、醉蝴蝶。

形态特征：一年生强壮草本植物。全株被黏质腺毛，有特殊臭味。具托叶刺，刺长达 4 mm，尖利，外弯。叶为具 5~7 小叶的掌状复叶；小叶草质，椭圆状披针形或倒披针形，中央小叶盛大，最外侧的小叶最小。总状花序顶生，花由底部向上次第开放；花瓣披针形，向外反卷；花苞红色，花瓣玫瑰红色或白色；雄蕊特长。

花　果　期：花期 6~9 月，果期 9 月开始。

产地与分布：原产于美洲热带地区，现全球热带至温带地区有栽培。我国无野生，各大城市常见栽培。

生态习性：适应性强。喜高温，较耐暑热，忌寒冷。喜阳光充足地，在半遮阴地亦能生长良好。对土壤要求不严，在肥沃地植株高大，在肥力中等的土壤中也能生长良好，在砂壤土、黏重土或碱性土中生长不良。喜湿润土壤，亦较能耐干旱，忌积水。

繁殖方法：播种繁殖、扦插繁殖。

观赏特性与应用：适宜布置于花坛、花境。在园林应用中，可根据其耐半阴的特性，种植于林下或建筑阴面供观赏。

十字花科

羽衣甘蓝 *Brassica oleracea* var. *acephala* de Candolle

科　　属：十字花科芸薹属。

别　　名：叶牡丹、牡丹菜、花包菜、绿叶甘蓝。

形态特征：二年生观叶草本植物，为甘蓝的园艺变种。基生叶片紧密互生呈莲座状，叶皱缩，具长叶柄，外叶宽大，叶脉和叶柄浅紫色，内叶白黄色、黄绿色、粉红色或紫红色等。长日照条件下抽薹开花；总状花序，花浅黄色。

花 果 期：花期4月，果期6月开始。

产地与分布：原产于地中海沿岸至小亚细亚半岛一带，现广泛栽培，主要分布于温带地区。我国广西广泛栽培。

生态习性：喜冷凉的气候，极耐寒，不耐涝。可忍受多次短暂的霜冻，耐热性也很强，生长势强，容易栽培，喜阳光，耐盐碱，喜肥沃的土壤。

繁殖方法：播种繁殖。

观赏特性与应用：可作北方晚秋、初冬时城市绿化的理想补充观叶花卉，或盆栽于屋顶花园、阳台、窗台供观赏。刚展开的羽状嫩叶可食用。

香雪球 *Lobularia maritima* (L.) Desvaux

科　　属：十字花科香雪球属。

别　　名：小白花、庭荠。

形态特征：多年生草本植物。基部木质化，但栽培的不论当年生或隔年生均不木质化，株高 10～40 cm，全株被"丁"字毛，毛带银灰色。叶片条形或披针形，两端渐窄，边缘全缘。伞房花序；花瓣淡紫色或白色，长圆形，长约 3 mm，顶端钝圆，基部突然变窄成爪，形似雪球，幽香怡人。短角果椭圆形，无毛或在上半部有稀疏"丁"字毛；果瓣压扁而稍膨胀。种子每室 1 粒，悬垂于子房室顶，长圆形，淡红褐色，遇水产生胶黏物质。

花果期：温室栽培的花期 3～4 月，露地栽培的花期 6～7 月。

产地与分布：产于地中海沿岸。我国河北、山西、江苏、浙江、陕西、新疆等地的公园及花圃有栽培。在广西广泛栽培。

生态习性：喜冷凉、干燥，忌炎热，耐霜寒，稍耐阴，要求阳光充足，喜疏松的土壤，忌涝，较耐干旱、瘠薄。

繁殖方法：播种繁殖、扦插繁殖。

观赏特性与应用：植株矮，多分枝，花开后一片白色，散发阵阵清香，引来大量蜜蜂，是布置岩石园的优良花卉，也是花坛、花境的优良镶边材料，盆栽观赏也很好。

景天科

落地生根 *Bryophyllum pinnatum* (L. f.) Oken

科　　属：景天科落地生根属。

别　　名：打不死。

形态特征：多年生草本植物。茎有分枝。羽状复叶；小叶长圆形至椭圆形，先端钝，边缘有圆齿，圆齿底部容易生芽，芽长大后落地成新植株；小叶柄长 2 ~ 4 cm。圆锥花序顶生；花下垂；花萼圆柱形；花冠高脚碟形，基部稍膨大，向上成管状，裂片 4 枚，卵状披针形，淡红色或紫红色。蓇葖果包于花萼及花冠内。种子小，有条纹。

花 果 期：花期 1 ~ 3 月。

产地与分布：原产于非洲。在我国产于云南、广西、广东、福建、台湾，全国各地有栽培，有时逸为野生。

生态习性：喜阳光充足、温暖、湿润的环境，忌燥热，甚耐寒，适宜生于排水良好的酸性土中。

繁殖方法：扦插繁殖、分株繁殖、播种繁殖。

观赏特性与应用：叶片肥厚多汁，边缘长出整齐美观的不定芽，形似一群蝴蝶飞落于地，立地扎根繁育子孙后代的特性，颇有奇趣。可盆栽，是窗台绿化的好材料，点缀书房和客厅也具雅趣。

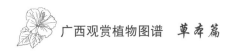

长寿花 *Kalanchoe blossfeldiana* **Poelln.**

科　　属：景天科伽蓝菜属。

别　　名：圣诞伽蓝菜、寿星花、假川莲、家乐花、伽蓝花。

形态特征：多年生肉质草本植物。全株光滑无毛。茎直立。叶肉质，交互对生；叶片长圆状匙形或椭圆形，叶片上半部边缘具圆齿或波状，下半部边缘全缘，深绿色，有光泽，边缘略带红色。圆锥状聚伞花序直立，单株具花序 6～7 个；小花高脚蝶状，花绯红色、桃红色、紫红色、橙黄色和白色等。

花 果 期：花期 12 月至翌年 4 月底。

产地与分布：原产于非洲马达加斯加岛阳光充足的地区。我国广泛栽培，为早春室内花卉。

生态习性：短日照植物，喜温暖、稍湿润和阳光充足的环境，在室内散射光的条件下也生长良好，不耐寒，耐干旱，对土壤要求不严，以肥沃的砂壤土为好。

繁殖方法：播种繁殖、扦插繁殖、分株繁殖。

观赏特性与应用：花期正逢圣诞节、元旦和春节，十分适合布置于窗台、书桌、案头。用于公共场所的花坛、橱窗和大厅等，整体观赏效果极佳。由于俗名"长寿"，故节日赠送亲朋好友也非常合适。

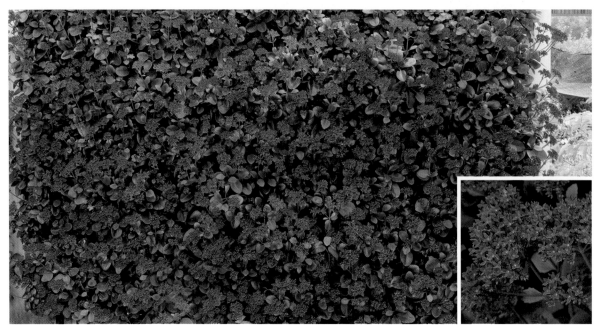

观音莲 *Sempervivum tectorum* L.

科　　属：景天科长生草属。

别　　名：长生草、观音座莲、佛座莲。

形态特征：小型多肉植物。叶片莲座状环生，株形端庄，犹如盛开的莲花；叶片扁平细长，先端渐尖，边缘有小茸毛，充分光照下，先端形成非常漂亮的咖啡色或紫红色，若光照不充足，则先端只为深绿色。

花 果 期：花期6～7月。

产地与分布：原产于西班牙、法国、意大利等欧洲国家的山区。在我国分布广泛。

生态习性：喜阳光充足和凉爽干燥的环境，夏季高温时和冬季寒冷时植株处于休眠状态，主要生长期为较凉爽的春秋季。生长期要求有充足的阳光，光照不足会导致株形松散，不紧凑，影响观赏价值，在光照充足处生长的植株，叶片肥厚饱满，株形紧凑，叶色艳丽。

繁殖方法：叶插繁殖、播种繁殖、分株繁殖。

观赏特性与应用：应用比较广泛，可以用中小盆种植，用来布置书房、客厅、卧室和办公室等。

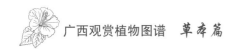

豆 科

蔓花生 *Arachis duranensis* **Krap. et Greg**

科　　属：豆科落花生属。

别　　名：假花生。

形态特征：多年生草本植物。全株散生小茸毛，株高可达 15 cm。茎蔓性，匍匐生长。复叶互生；小叶两对，倒卵形，边缘全缘，晚上会闭合。花腋生，蝶形，金黄色，开花后结荚果。荚果长桃形，果壳薄，结果时间长，果易分散。

花 果 期：春季至秋季。

产地与分布：原产于南美洲。华南地区广泛种植。

生态习性：喜温暖、湿润的气候，在全日照及半日照条件下或在盛夏阳光充足、高温多雨季节生长最好，有较强的耐阴性、耐旱性、耐热性，但耐寒性较差。对土壤要求不严，以砂壤土为佳，生长适宜温度为 18～32℃。

繁殖方法：播种繁殖、扦插繁殖。

观赏特性与应用：观赏性强，对有害气体抗性较强，易养护，可作园林绿化的地被植物和公路沿线及隔离带的地被植物。

羽扇豆 *Lupinus micranthus* Guss.

科　　属：豆科羽扇豆属。

别　　名：鲁冰花。

形态特征：一年生草本植物。全株被棕色或锈色硬毛。茎上升或直立，基部分枝。掌状复叶多基部着生；小叶倒卵形、倒披针形至匙形，先端钝或锐尖，具短尖，基部渐狭，两面均被硬毛。总状花序顶生，尖塔形；花色丰富艳丽，常为红色、黄色、蓝色、粉色等；萼片2枚，唇形，侧直立，边缘背卷；龙骨瓣弯曲。荚果长圆状线形，密被棕色硬毛，先端具下指的短喙。种子间节荚状；种子卵形，扁平，黄色，具棕色或红色斑纹，光滑。园艺栽培品种较多。

花果期：花期3~5月，果期4~7月。

产地与分布：原产于地中海沿岸，多生于温带地区的砂地。

生态习性：较耐寒（-5℃以上），喜凉爽、阳光充足的环境，忌炎热，稍耐阴。具深根性，少有根瘤，要求土层深厚、肥沃、疏松、排水良好的酸性砂壤土，在中性及微碱性土中生长不良。

繁殖方法：播种繁殖、扦插繁殖。

观赏特性与应用：适宜布置于花坛、花境或在丛植于草坡，可作花境背景或在林缘河边丛植、片植。亦可盆栽或作切花。

白车轴草 *Trifolium repens* L.

科　　属：豆科车轴草属。

别　　名：白三叶、白花三叶、草白花苜蓿、金花草、菽草翘摇、车轴草、荷兰翘摇。

形态特征：短期多年生草本植物，生长期达5年。全株无毛。茎匍匐蔓生，上部稍上升，节上生根。掌状三出复叶；托叶卵状披针形，膜质，基部抱茎成鞘状，离生部分锐尖；叶柄较长；小叶倒卵形至近圆形，先端凹至钝圆，基部楔形渐窄至小叶柄，中脉在腹面隆起，小叶微被柔毛。花序球形，顶生，具花20～50（80）朵，密集；花冠白色、乳黄色或淡红色；具香气。

花 果 期：花果期5～10月。

产地与分布：原产于欧洲和非洲北部，广泛分布于亚洲、非洲、大洋洲、美洲。在我国亚热带及暖温地区分布较广泛。我国西南地区、东南地区、东北地区等均有野生种分布。

生态习性：长日照植物，适应性强，不耐阴，具有一定的耐旱性，抗热性、抗寒性强，可在酸性土中旺盛生长，也可在砂土中生长。

繁殖方法：播种繁殖。

观赏特性与应用：侵占性和竞争性较强，能够有效地抑制杂草生长，不用长期修剪，可粗放管理且使用年限长，具有改善土壤及水土保持作用，可用于园林、公园、高尔夫球场等绿化草坪的建植。

猫尾草 *Uraria crinita* (L.) Desv. ex DC.

科　　属：豆科狸尾豆属。

别　　名：土狗尾、长穗狸尾草、兔狗尾、猫公树、防虫草。

形态特征：多年生直立亚灌木状。分枝少，被灰色短柔毛。奇数羽状复叶；小叶近革质，3～7片，对生；叶片卵状披针形或椭圆形，先端短尖，基部圆形或稍心形，边缘全缘，腹面无毛，背面被柔毛；托叶小。总状花序顶生，穗状，先端弯曲，形似狗尾；花极稠密；萼管极短；花冠蝶形，紫色，旗瓣阔，翼瓣和龙骨瓣粘贴。荚果2～4节，扭曲重叠，略被短毛。种子黑褐色，有光泽。

花　果　期：花期5～7月，果期7～9月。

产地与分布：产于我国福建、江西、广东、海南、广西、云南、台湾等地。印度、斯里兰卡、澳大利亚北部、中南半岛、马来半岛有分布。多生于海拔850 m以下干燥旷野坡地、路旁或灌丛中。

繁殖方法：播种繁殖。

观赏特性与应用：种植于花境、花坛，也可作切花材料或制干花，作切花经久不凋。矮型品种作盆栽或种植于花坛边缘。

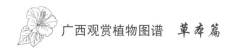

千屈菜科

千屈菜 *Lythrum salicaria* L.

科　　属：千屈菜科千屈菜属。

别　　名：对叶莲、对牙草、水枝柳、水枝锦、水柳。

形态特征：多年生草本植物。全株青绿色，略被粗毛或密被茸毛。根状茎横卧于地下，粗壮；茎直立，多分枝。叶对生或三叶轮生；叶片披针形或阔披针形，先端钝或短尖，基部圆形或心形，边缘全缘，无柄。小聚伞花序簇生，因花梗及总梗极短，因此花枝全形似一大型穗状花序；花瓣6片，紫红色或淡紫色，倒披针状长椭圆形，基部楔形，着生于萼筒上部，有短爪，稍皱缩。蒴果扁圆形。

花果期：花期7~8月。

产地与分布：分布于亚洲、欧洲、北美洲、非洲的阿尔及利亚和澳大利亚东南部。我国各地有栽培。生于河岸、湖畔、溪沟边和潮湿草地。

生态习性：喜强光、水湿，耐寒性强，对土壤要求不严，在土层深厚、富含腐殖质的土壤上生长更好。

繁殖方法：分株繁殖、播种繁殖、扦插繁殖。

观赏特性与应用：株丛整齐，耸立而清秀，花朵繁茂，花序长，花期长，是水景中优良的竖线条材料。最宜于浅水岸边丛植或于池中种植。也可作花境材料或作切花。可盆栽，也可用于沼泽园。

野牡丹科

地菍 *Melastoma dodecandrum* **Lour.**

科　　属：野牡丹科野牡丹属。

别　　名：地稔、铺地锦、乌地梨、埔淡、山地菍。

形态特征：小灌木状。茎匍匐上升，逐节生根，分枝多，披散，幼时被糙伏毛，以后无毛。叶对生；叶片坚纸质，卵形或椭圆形，先端急尖，基部广楔形，腹面边缘和背面脉上生极疏的糙伏毛。聚伞花序顶生。果稍肉质，不开裂，疏生糙伏毛。

花 果 期：花期5~7月，果期7~9月。

产地与分布：产于我国贵州、湖南、广西、广东、江西、浙江、福建。越南也有分布。生于海拔1250 m以下的山坡矮草丛中。

生态习性：生活力较强，具有耐寒、耐旱、耐贫瘠、生长迅速等特点，在石缝中亦能很好地生长开花。为酸性土常见的植物。

繁殖方法：分株繁殖、播种繁殖、扦插繁殖。

观赏特性与应用：叶、花、果终年呈现出不同的颜色，叶片可在同一时间内呈现绿色、粉红色、紫红色等，球形的浆果从结实至成熟也呈现绿色、红色、紫色、黑色的色彩变化。全年开花，叶片浓密，贴伏地表，能形成平整、致密的地被层，覆盖效果好，是良好的地被植物。

大戟科

红桑 *Acalypha wilkesiana* Müller. Arg.

科　　属：大戟科铁苋菜属。

别　　名：绿桑。

形态特征：归入灌木。株高 1～4 m。叶片纸质，形如桑叶，阔卵形，古铜绿色或浅红色，常有不规则的红色或紫色斑块，先端渐尖，基部钝圆，边缘具粗圆齿。雌雄同株，通常雌雄花异序。蒴果直径约 4 mm，具 3 个分果爿，疏生具基的长毛。种子球形，平滑，直径约 2 mm。

花 果 期：花期几乎全年。

产地与分布：原产于太平洋岛屿，现广泛栽培于热带、亚热带地区。我国台湾、广西、广东、福建、云南和海南等地有栽培。

生态习性：喜高温、多湿的环境，抗寒性差，不耐霜冻，喜光，不耐阴。

繁殖方法：扦插繁殖。

观赏特性与应用：常用作绿篱，也可丛植、孤植于灌丛中及草地、林缘、路边，适合与其他种类搭配种植，在大片草地上布置图案。

酢浆草科

酢浆草 *Oxalis corniculata* L.

科　　属：酢浆草科酢浆草属。

别　　名：酸浆草、酸酸草、斑鸠酸、三叶酸、酸咪咪、钩钩草。

形态特征：株高 10～35 cm，全株被柔毛。根状茎稍肥厚，茎细弱，直立或匍匐。叶基生；茎生叶互生；小叶 3 片，无柄，倒心形，先端凹下，两面被柔毛或表面无毛，沿脉被毛较密，边缘具贴伏缘毛。花单生或数朵组成伞形花序，腋生；花瓣 5 片，黄色，长圆状倒卵形。蒴果长圆柱形，5 棱。

花 果 期：花果期 2～9 月。

产地与分布：亚洲温带和亚热带地区、欧洲、地中海沿岸和北美洲皆有分布，在我国分布广泛。生于山坡草池、河谷沿岸、路边、田边、荒地或林下阴湿处等。

生态习性：喜向阳、温暖、湿润的环境，也喜阴湿的环境，抗旱性较强，不耐寒，华北地区冬季需进温室栽培，长江以南地区可露地越冬。对土壤适应性较强，一般园土均可生长，但在腐殖质丰富的砂壤土中生长旺盛，夏季有短期休眠。

繁殖方法：地下茎繁殖。

观赏特性与应用：小花繁多，烂漫可爱。可布置成花坛、花境、花丛、花群及花台等。

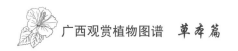

牻牛儿苗科

天竺葵 *Pelargonium hortorum* Bailey

科　　属：牻牛儿苗科天竺葵属。

别　　名：洋绣球、入腊红、石腊红、日烂红、洋葵、驱蚊草、洋蝴蝶。

形态特征：多年生草本植物。株高 30～60 cm。茎直立，基部木质化，上部肉质，多分枝或不分枝，具明显的节，密被短柔毛，具浓烈鱼腥味。叶互生；叶片圆形或肾形，茎部的叶心形，边缘波状浅裂，具圆齿，两面被透明短柔毛，腹面叶缘以内有暗红色马蹄形环纹。伞形花序腋生，多花；总苞片数枚，宽卵形；花梗被柔毛和腺毛，芽期下垂，花期直立；花瓣红色、橙红色、粉红色或白色，宽倒卵形。蒴果长约 3 cm，被柔毛。

花 果 期：花期 5～7 月，果期 6～9 月。

产地与分布：原产于非洲南部。我国各地普遍栽培。

生态习性：喜冬暖夏凉，喜充足的阳光，冬季室内温度保持在 10～15℃即能正常开花，最适温度为 15～20℃。喜燥恶湿，冬季浇水不宜过多，要见干见湿。

繁殖方法：播种繁殖、扦插繁殖、组织培养。

观赏特性与应用：是很好的窗台装饰花卉。可陈列于厅堂、阳台等处，也可丛植于花坛、阶前、庭院等处，是园林苑景及家庭常用的花卉。

凤仙花科

新几内亚凤仙花 *Impatiens hawkeri* W. Bull

科　　属：凤仙花科凤仙花属。

别　　名：五彩凤仙花、四季凤仙。

形态特征：多年生常绿草本植物。茎肉质，分枝多。叶互生，有时上部轮生；叶片卵状披针形，叶脉红色。花单生或数朵聚成伞房花序；花瓣桃红色、粉红色、橙红色、紫红色、白色等。

花 果 期：花期6~8月。

产地与分布：原产于非洲热带地区的山地，现广泛栽培于世界各地。

生态习性：喜炎热，要求阳光充足及土层深厚、肥沃、排水良好的土壤。怕寒冷，遇霜则全株枯萎。

繁殖方法：扦插繁殖、播种繁殖。

观赏特性与应用：花色丰富、娇美，从春天到霜降花开不绝，可用来装饰案头、茶几，也可盆栽，亦可作花坛花卉、花境花卉。

夹竹桃科

球兰 *Hoya carnosa* (L. f.) R. Br.

科　　属：夹竹桃科球兰属。

别　　名：马骝解、狗舌藤、铁脚板。

形态特征：攀缘灌木状。茎节上生气生根。叶对生；叶片肉质，卵圆形至卵圆状长圆形，先端钝，基部圆形；侧脉不明显，约有4对。聚伞花序腋生，着花约30朵；花白色；花冠辐状，花冠筒短，裂片外面无毛，内面多乳头状突起；副花冠星状，外角急尖，中脊隆起，边缘反折成1条孔隙，内角急尖，直立。

花果期：花期4~6月，果期7~8月。

产地与分布：原产于华南地区、东南亚各国及大洋洲等。生于平原或山地，附生于树上或石上。

生态习性：喜温暖，耐干燥，喜高温、高湿、半阴的环境，夏秋季需保持较高的温度，忌烈日暴晒。在富含腐殖质且排水良好的土壤中生长旺盛，较适宜生于多光照和稍干的土壤中。

繁殖方法：扦插繁殖、压条繁殖。

观赏特性与应用：可用于室内观叶、观花，适宜盆栽。茎、叶、花均美丽，花色鲜艳，花形奇特，极具观赏性。枝蔓自然垂吊，可悬挂装饰厅堂、居室，自然大方，是良好的室内装饰植物。

茄 科

碧冬茄 *Petunia × hybrida* hort. ex Vilm.

科　　属：茄科矮牵牛属。

别　　名：键子花、灵芝牡丹、撞羽朝颜。

形态特征：多年生草本植物，常作一年生、二年生草本植物。株高 30～60 cm，全株生腺毛。茎匍匐于地上生长。叶互生，上部叶对生；叶片具短柄或近无柄，卵形，先端急尖，基部阔楔形或楔形，边缘全缘。花冠白色或紫堇色，有各种条纹，漏斗状，筒部向上渐扩大，檐部开展，有折襞，5浅裂。

花 果 期：12月至翌年5月，在华东地区为4月至霜降。

产地与分布：原产于南美洲阿根廷，现世界各地广泛栽培。

生态习性：长日照植物，喜温暖和阳光充足的环境，不耐霜冻，怕雨涝。喜疏松、肥沃和排水良好的砂壤土。

繁殖方法：播种繁殖。

观赏特性与应用：广泛用于花坛布置、花槽配置、景点摆设、窗台点缀、家庭装饰。大面积种植具有地被效果。

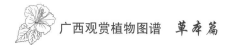
旋花科

彩叶番薯 *Ipomoea batatas* 'Rainbow'

科　　属：旋花科虎掌藤属。

别　　名：彩叶甘薯。

形态特征：一年生草本植物，匍匐生长。叶互生；不同品种的叶型有差异，心形，先端尖，基部平截或心形，黄色、紫绿色或为花叶等。聚伞花序腋生，花冠粉红色、白色、淡紫色或紫色，钟状或漏斗状。蒴果。

花果期：花期秋季。

产地与分布：栽培种。

生态习性：生性强健，不耐阴，喜高温，生育适宜温度为 20 ~ 28℃，以肥沃的砂壤土最佳，全日照、半日照均理想，在阴暗处叶色淡化。

繁殖方法：扦插繁殖、块根繁殖。

观赏特性与应用：叶多样靓丽，色彩丰富，观赏性极佳，盆栽可用于装饰阳台、窗台等阳光充足的地方，也常用于园林绿化。

五爪金龙 *Ipomoea cairica* (L.) Sweet

科　　属：旋花科虎掌藤属。

别　　名：上竹龙、牵牛藤、黑牵牛、五叶牵牛、掌叶旋花、假土瓜藤。

形态特征：多年生缠绕草本植物。全株无毛。老时根上具块根。茎细长，有细棱，有时具小疣状突起。叶掌状 5 深裂或全裂，裂片卵状披针形、卵形或椭圆形，中裂片较大，两侧裂片稍小，先端渐尖或稍钝，具小短尖头，边缘全缘或不规则微波状，基部 1 对裂片通常再 2 裂；基部具小的掌状 5 裂的假托叶（腋生短枝的叶片）。聚伞花序腋生，具 1～3 朵花，或偶有 3 朵以上；花冠紫红色、紫色或淡红色，偶有白色，漏斗状。蒴果近球形。种子黑色。

花　果　期：花期 5～6 月，果期 10～12 月，有时植株上部开花，下部果熟。

产地与分布：原产于亚洲或非洲热带地区。产于我国台湾、福建、广东及其沿海岛屿、广西、云南。生于海拔 90～610 m 的平地或山地路边灌丛，生于向阳处。

生态习性：充足的光照、肥沃的土壤、较多的水分、可以缠绕攀爬的伴生植物等是其生长良好的必要条件。

繁殖方法：播种繁殖、扦插繁殖。

观赏特性与应用：花期长，颜色美丽，可作庭院观赏植物。

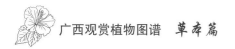
牵牛 *Ipomoea nil* (Linnaeus) Roth

科　　属：旋花科虎掌藤属。

别　　名：牵牛花、喇叭花、筋角拉子、大牵牛花、勤娘子。

形态特征：一年生缠绕草本植物。茎上被倒向的短柔毛，杂有倒向或开展的长硬毛。叶片宽卵形或近圆形，深或浅3裂，偶5裂，基部圆，心形，中裂片长圆形或卵圆形，渐尖或骤尖，侧裂片较短，三角形，裂口锐或圆，叶面或疏或密被微硬的柔毛。花腋生，单一或通常2朵着生于花序梗顶；小苞片线形；萼片近等长，披针状线形，内面2枚稍狭，外面被开展的刚毛，基部刚毛更密，有时杂有短柔毛；花冠漏斗状，蓝紫色或紫红色。蒴果近球形。

花 果 期：花期夏秋季，以夏季开花最盛。

产地与分布：原产于美洲热带地区。在我国除西北和东北的一些省外，大部分地区有分布。生于海拔100～1600 m的山坡灌丛、干燥河谷、路边、园边宅旁、山地路边。

生态习性：适应性较强，喜阳光充足的环境，亦耐半阴，喜暖和凉快，亦耐暑热高温，但不耐寒，怕霜冻。喜肥沃、疏松的土壤，耐水湿和干旱，较耐盐碱。种子发芽适合温度为18～23℃，幼苗在温度10℃以上即可生长。

繁殖方法：播种繁殖、压条繁殖。

观赏特性与应用：多用于庭院围墙及高速公路护坡的绿化美化。

茑萝 *Ipomoea quamoclit* L.

科　　属：旋花科虎掌藤属。

别　　名：金丝线、锦屏封、茑萝松、娘花、五角星花、羽叶茑萝。

形态特征：一年生柔弱缠绕草本植物。全株无毛。叶片卵形或长圆形，羽状深裂至中脉，具 10 ~ 18 对线形至丝状的平展细裂片；裂片先端锐尖，基部常具假托叶。花序腋生，由少数花组成聚伞花序；花直立；花冠高脚碟状，五角星状小花，深红色，无毛，管柔弱，上部稍膨大，冠檐开展，5 浅裂。蒴果卵形，4 室，4 瓣裂，隔膜宿存，透明。种子 4 粒，卵状长圆形，黑褐色。

花 果 期：花期 7 ~ 10 月。

产地与分布：原产于美洲热带地区，现广泛分布于温带及热带地区，生于海拔 2500 m 以下地区。我国广泛栽培。

生态习性：喜光，喜温暖、湿润的环境，不耐寒，能自播，要求土壤肥沃。抗逆性强，管理简便，种子成熟后自落于地，翌年自生。

繁殖方法：播种繁殖。

观赏特性与应用：美丽的庭院观赏植物，极富攀缘性，花叶俱美，是理想的绿篱植物。也可盆栽陈设于室内，盆栽时可用金属丝扎成屏风式、塔式。

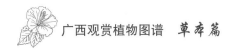
马鞭草科

美女樱 *Glandularia × hybrida* (Groenland & Rümpler) G. L. Nesom & Pruski

科　　属：马鞭草科美女樱属。

别　　名：草五色梅、铺地马鞭草、四季绣球、美人樱。

形态特征：多年生草本植物。株高 10～50 cm。植株丛生而铺覆地面，全株有细茸毛。茎四棱柱形。叶对生。穗状花序顶生，多数小花密集排列成伞房状；花似樱花，白色、粉色、红色、蓝色、紫色或复色，芳香。

花 果 期：5～11 月。

产地与分布：原产于南美洲，在我国分布于纬度较低的地区。

生态习性：喜温暖、湿润的气候，喜阳，不耐阴，不耐干旱，对土壤要求不严，但在疏松、肥沃、较湿润的中性土中生长健壮，开花繁茂。

繁殖方法：播种繁殖、扦插繁殖、分株繁殖。

观赏特性与应用：花色繁多，花期长，可用作花坛、花境材料，也可做成盆花大面积种植于花台、花园、林隙地、树坛中，可用作地被植物和城市道路绿化带植物等。

唇形科

彩叶草 *Coleus hybridus* Hort. ex Cobeau

科　　属：唇形科鞘蕊花属。

别　　名：五彩苏、锦紫苏、洋紫苏、五色草、老来少。

形态特征：直立或上升草本植物。茎通常紫色，四棱柱形，被微柔毛，具分枝。叶片膜质，卵圆形，先端钝至短渐尖，基部宽楔形至圆形，边缘具圆齿，黄色、暗红色、紫色或绿色，两面被微柔毛，背面常散布红褐色腺点。花直径约 1.5 cm，多数密集排列成简单或分枝的圆锥花序；花冠浅紫色至紫色或蓝色，冠檐二唇形，上唇短，直立，4 裂，下唇延长，内凹，舟形。

花 果 期：花期 7～9 月，果期 8～10 月。

产地与分布：原产于爪哇岛，我国台湾、福建、广东、广西有栽培。生于溪旁、路旁、旷野、山谷、山地及田野的草丛或林中。

生态习性：喜温性植物，适应性强，冬季温度不低于 10℃，夏季高温时需稍遮阳，喜阳光充足的环境，光线充足能使叶色鲜艳。

繁殖方法：扦插繁殖、播种繁殖。

观赏特性与应用：盆栽不仅是窗台、室内绿化的佳品，还可配置花坛图案，也可作花篮、花束的配叶使用。

紫苏 *Perilla frutescens* (L.) Britt.

科　　属：唇形科紫苏属。

别　　名：荏子、赤苏、红勾苏、红苏、苏麻。

形态特征：一年生草本植物。茎直立。茎叶紫色或紫绿色，分枝多，钝四棱柱形，具四槽，密被长柔毛。单叶对生；叶片卵形至宽卵形，边缘有粗圆齿，膜质或草质，两面绿色或紫色，或仅背面紫色，腹面被疏柔毛，背面被贴生柔毛。总状花序顶生及腋生，似穗状；花冠紫红色、粉红色至白色。小坚果卵形，褐色或灰褐色。

花 果 期：花期8～11月，果期8～12月。

产地与分布：我国各地广泛栽培。不丹、印度、印度尼西亚、日本、朝鲜等国有分布。生于山地路旁、村边荒地。

生态习性：适应性很强，喜阳光，较耐高温，喜温暖湿润的环境，对土壤要求不严，在排水较好的砂壤土、壤土、黏土上均能良好地生长，适宜的土壤pH值为6.0～6.5。

繁殖方法：播种繁殖。

观赏特性与应用：用于布置庭院花坛、花境，适合在庭院的墙边成片种植。

蓝花鼠尾草 *Salvia farinacea* Benth.

科　　属：唇形科鼠尾草属。

别　　名：一串兰。

形态特征：多年生草本植物。丛生，株高 30～60 cm。分枝较多，有毛。茎下部叶为二回羽状复叶，茎上部叶为一回羽状复叶，具短柄；叶片被白色茸毛，长椭圆形，表面有凹凸织纹。轮伞花序有 2～6 朵花，组成顶生假总状花序或圆锥花序；花小而量大，蓝色、淡蓝色、淡紫色、淡红色或白色。

花　果　期：花期 5～10 月。

产地与分布：原产于欧洲南部、墨西哥和美国，在我国分布于华东地区和湖北、广东、广西。

生态习性：喜光照充足和湿润的环境，喜排水良好的砂壤土或土质深厚的壤土，但在一般土壤中也能生长。耐旱性好，耐寒性较强，可耐 -15℃的低温，怕炎热、干燥。

繁殖方法：播种繁殖、扦插繁殖。

观赏特性与应用：花色淡雅，可于公园、植物园、绿地等处成片种植，或用于花境与其他观花植物搭配种植，也可作岩石旁、墙边及庭院的点缀植物。

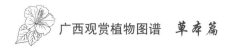

一串红 *Salvia splendens* Ker Gawler

科　　属：唇形科鼠尾草属。

别　　名：墙下红、草象牙红。

形态特征：半灌木状，高可达 90 cm。茎钝四棱柱形，具浅槽，无毛。叶片卵圆形或三角状卵圆形，先端渐尖，基部截形或圆形，边缘具齿，两面无毛，背面有腺点。轮伞花序具 2～6 朵花，组成总状花序。小坚果椭圆形，暗褐色，顶端有不规则小褶劈，边缘或棱有厚而狭的翅。

花 果 期：花期 3～9 月，果期 8～10 月。

产地与分布：原产于巴西，我国各地庭院广泛栽培。

生态习性：喜温暖和阳光充足的环境，不耐寒，耐半阴，忌霜雪和高温，怕积水和碱性土。

繁殖方法：播种繁殖、扦插繁殖。

观赏特性与应用：各地庭院广泛栽培供观赏，适合种植于大型花坛、花境，是美丽的盆栽花卉。

车前科

金鱼草 *Antirrhinum majus* L.

科　　属：车前科金鱼草属。

别　　名：龙头花、龙口花、洋彩雀。

形态特征：多年生直立草本植物。株高达 80 cm。茎基部有时木质化，基部无毛，中上部被腺毛；基部有时分枝。下部的叶对生。总状花序顶生，密被腺毛；花萼 5 裂；花冠筒状，唇形，基部膨大成囊状，红色、紫色、黄色或白色。蒴果卵形，顶端孔裂。

花 果 期：5～10 月。

产地与分布：原产于地中海沿岸，我国各地有栽培。

生态习性：喜光，耐半阴，较耐寒，不耐热，喜肥沃、疏松和排水良好的微酸性砂壤土。对光照长度不敏感，生长适宜温度为 16～26℃。

繁殖方法：播种繁殖、扦插繁殖。

观赏特性与应用：适合群植于花坛、花境或路边供观赏，与百日草、矮牵牛、万寿菊、一串红等配植观赏效果尤佳。盆栽可置于阳台、窗台等处作装饰。高型品种常作切花，也可作背景材料。

毛地黄 *Digitalis purpurea* L.

科　　属：车前科毛地黄属。

别　　名：自由钟、洋地黄、山白菜、德国金钟。

形态特征：一年生或多年生草本植物。除花冠外，全株被灰白色短柔毛和腺毛，有时茎上几乎无毛。茎单生或数条成丛。基生叶多数成莲座状，叶柄具狭翅，叶片卵形或长椭圆形，基部楔形，边缘具钝圆齿；下部的茎生叶与基生叶同形，向上渐小，叶柄短直至无柄而成为苞片。总状花序顶生；花冠紫红色，内面具斑点。蒴果卵形。种子短棒状，除被蜂窝状网纹外，还有极细的柔毛。

花　果　期：花期5~6月。

产地与分布：原产于欧洲，我国各地有栽培。分布于海拔1200~1800 m的山区。

生态习性：较耐寒，喜阳且耐阴，略耐干旱，忌炎热。耐瘠薄，适宜在湿润且排水良好的土壤上生长。

繁殖方法：播种繁殖。

观赏特性与应用：花形优美，色泽鲜艳，常用于花境、花坛及岩石园中可作盆花、切花，还可作自然式花卉布置。

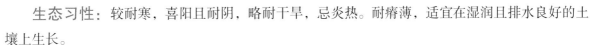

爆仗竹 *Russelia equisetiformis* Schlecht. et Cham.

科　　属：车前科爆仗竹属。

别　　名：爆仗花、吉祥草、炮仗竹。

形态特征：半灌木状。株高可达1 m，全株无毛。茎分枝轮生，细长，具棱。叶轮生，退化为披针形的鳞片。聚伞圆锥花序；花红色；花冠长筒状。蒴果球形，室间开裂。

花　果　期：花期春夏季。

产地与分布：原产于中美洲。我国广东、广西、福建的庭院有栽培。

生态习性：喜阳光，喜通风良好、温暖、半湿润的环境，耐寒性较强，稍耐干旱，忌涝。喜肥沃、排水良好、透气性良好的土壤。

繁殖方法：分株繁殖、扦插繁殖、压条繁殖。

观赏特性与应用：红色长筒状花朵成串吊于纤细下垂的枝条上，犹如细竹上挂的鞭炮，宜在花坛、树坛边种植，也可盆栽装饰会场、厅堂、花台、阳台。

母草科

母草 *Lindernia crustacea* (L.) F. Muell

科　　属：母草科母草属。

别　　名：四方拳草、蛇通管、气痛草。

形态特征：根须状。铺散成密丛，多分枝；枝弯曲上升，微方形，有深沟纹，无毛。叶片三角状卵形或宽卵形，先端钝或短尖，基部宽楔形或近圆形，边缘有浅钝齿，腹面近于无毛，背面沿叶脉有稀疏柔毛或近于无毛。花单生于叶腋或在茎枝顶成极短的总状花序；花梗细弱，有沟纹，近于无毛；花冠紫色，管略长于萼。蒴果椭圆形，与宿萼近等长。种子近球形，浅黄褐色，有明显的蜂窝状瘤突。

花果期：花果期全年。

产地与分布：热带和亚热带地区广泛分布。我国浙江、江苏、安徽、江西、福建、台湾、广东、海南、广西、云南、西藏东南部、四川、贵州、湖南、湖北、河南等地有分布。生于田边、草地、路边等低湿处。

生态习性：较耐炎热，常作夏花。对土壤要求不严，需光照充足的环境。

繁殖方法：播种繁殖。

观赏特性与应用：可作地被植物，也可盆栽。

单色蝴蝶草 *Torenia concolor* Lindl

科　　属：母草科蝴蝶草属。

别　　名：倒地蜈蚣、蚌壳草、倒胆草。

形态特征：匍匐草本植物。茎具4棱，节上生根；分枝上升或直立。叶片三角状卵形或长卵形，稀卵圆形，先端钝或急尖，基部宽楔形或近于截形，边缘具齿或具带短尖的圆齿，无毛或疏被柔毛。花单朵腋生或顶生，稀排成伞形花序；蓝色或蓝紫色。果成熟时裂成5枚小齿。

花 果 期：5～11月。

产地与分布：分布于广东、广西、贵州及台湾等地。生于林下、山谷及路旁。

生态习性：较耐炎热，常作夏花。对土壤要求不严，需光照充足的环境。

繁殖方法：播种繁殖、组织培养。

观赏特性与应用：可作地被植物，也可盆栽。

爵床科

金脉单药花 *Aphelandra squarrosa* 'Dania'

科　　属：爵床科单药花属。

别　　名：黄金宝塔、金脉药爵床、金脉丹尼亚单药花。

形态特征：多年生草本植物。单叶对生；叶片边缘全缘而微向内卷，长椭圆形，先端渐尖，基部楔形，深绿色，叶脉淡黄色。顶生穗状花序；花黄色，由下向上渐次开放。

花果期：花期夏秋季，花期长达2个月。

产地与分布：主产于美洲热带地区的墨西哥至巴西。

生态习性：喜温暖、潮湿的气候，喜光照，忌阳光直射，炎夏宜放在半阴处，畏寒，生长适宜温度为20～25℃，越冬温度在10℃以上。土壤以疏松、肥沃的腐叶土为好。

繁殖方法：扦插繁殖、组织培养。

观赏特性与应用：叶色浓绿有光泽，并具明显的淡黄色叶脉；花穗粗壮坚挺，金黄色，十分美丽悦目。花期长，是观赏价值很高的观叶、观花植物，如用椒草、鸭趾草、冷水花等矮生蔓性植物配植，则有更好的群体观赏效果。很适合用于点缀明亮的书房、厅堂、卧室等。

网纹草 *Fittonia albivenis* (Veitch) Brummitt

科　　属：爵床科网纹草属。

别　　名：费道花、银网草。

形态特征：多年生常绿草本植物。植株低矮，高 5～20 cm。茎匍匐状，茎、枝密被茸毛。叶十字对生；叶片卵形或椭圆形，翠绿色，网状叶脉银白色或红色。顶生穗状花序；花黄色。

花 果 期：花期 9～11 月。

产地与分布：分布于南美洲热带地区，我国有引种栽培。

生态习性：喜高温、多湿和半阴的环境，不耐寒，水分蒸发量大，光照以散射光最好，忌直射光。适宜生长在富含腐殖质的砂壤土中。

繁殖方法：分株繁殖、扦插繁殖、组织培养。

观赏特性与应用：因精巧玲珑、叶脉清晰、叶色淡雅、纹理匀称而受人们喜爱。在窗台、阳台和居室中十分常见，适合盆栽观赏。

金苞花 *Pachystachys lutea* Nees

科　　属：爵床科金苞花属。

别　　名：黄虾花、珊瑚爵床、金包银。

形态特征：常绿灌木状。株高达 1 m，多分枝。叶对生；叶片狭卵形，亮绿色，有明显的叶脉。花白色，唇形，从花序基部陆续向上绽开；苞片心形，金黄色，排列紧密，金黄色苞片可保持 2～3 个月。

花 果 期：花期近全年。

产地与分布：原产于美洲热带地区的秘鲁和墨西哥，我国南方地区多有栽培。分布于落叶阔叶林区、南亚热带常绿阔叶林区。

生态习性：喜高温、高湿和阳光充足的环境，较耐阴，不耐寒，生长适宜温度为 16～28℃，冬季要保持 5℃以上才能安全越冬。适合栽种于肥沃、排水良好的轻壤土中。

繁殖方法：扦插繁殖。

观赏特性与应用：片植于花坛、花境、公园入口等处均有很好的观赏效果，适作会场、厅堂、居室及阳台的装饰。南方可用于布置花坛、花境，也可庭院种植；北方则作温室盆栽花卉，是优良的盆花品种。

桔梗科

铜锤玉带草 *Lobelia nummularia* Lam.

科　　属：桔梗科半边莲属。

别　　名：地茄子草、马莲草、铜锤草。

形态特征：多年生草本植物。具白色乳汁。茎平卧，被开展的柔毛，不分枝或在基部有长或短的分枝，节上生根。叶互生；叶片圆卵形、心形或卵形，先端钝圆或急尖，基部斜心形，边缘有齿，两面疏生短柔毛，叶脉掌状至掌状羽脉。花单生于叶腋；花梗无毛；花冠紫红色、淡紫色、绿色或黄白色。浆果紫红色，椭圆形。种子多数，近圆形，稍压扁，表面有小疣突。

花　果　期：在热带地区整年可开花结果。

产地与分布：在我国分布于西南地区、华南地区、华东地区及湖南、湖北、台湾和西藏。印度、尼泊尔、缅甸至巴布亚新几内亚也有分布。生于田边、路旁及丘陵、低山草坡或疏林中的潮湿处。

生态习性：喜生于热带地区，喜潮湿的环境。

繁殖方法：播种繁殖、扦插繁殖。

观赏特性与应用：果实紫红色，形状如铜锤，可作地被植物，也可盆栽。

茜草科

金毛耳草 *Hedyotis Chrysotricha* (Palib.) Merr.

科　　属：茜草科耳草属。

别　　名：石打穿、铺地蜈蚣。

形态特征：多年生披散草本植物。茎被金黄色硬毛。叶对生；叶片薄纸质，阔披针形、椭圆形或卵形，先端短尖或凸尖，基部楔形或阔楔形，腹面疏被短硬毛，背面被浓密黄色茸毛，脉上被毛更密。聚伞花序腋生，被金黄色疏柔毛，近无梗；花萼被柔毛，萼管近球形；花冠白色或紫色，漏斗形，外面被疏柔毛或近无毛。果近球形，成熟时不开裂，内有种子数粒。

花果期：花期几乎全年。

产地与分布：产于广东、广西、福建、江西、江苏、浙江、湖北、湖南、安徽、贵州、云南、台湾等地。生于山谷杂木林下或山坡灌丛中。

生态习性：喜南方潮湿、温暖的气候，生命力强，适应略带酸性的黄泥土。

繁殖方法：播种繁殖、扦插繁殖。

观赏特性与应用：长势茂盛时地面犹如铺了一层绿色地毯，适宜作地被植物。

菊 科

雏菊 *Bellis perennis* L.

科　　属：菊科雏菊属。

别　　名：马兰头花、延命菊、英国雏菊。

形态特征：一年生或多年生莲状草本植物。叶基生；叶片匙形，先端钝圆，基部渐狭成柄，上半部边缘有疏钝齿或波状齿。头状花序单生，花莲被毛；总苞片近2层，稍不等长，长椭圆形，顶端钝，外面被柔毛；舌状花1层，雌性，舌片白色带粉红色，开展，边缘全缘或有2～3枚齿；管状花多数，两性，均能结实。瘦果倒卵形，扁平，有边脉，被细毛，无冠毛。

花 果 期：花期3～6月。

产地与分布：原产于欧洲。原种被视为丛生的杂草。

生态习性：喜冷凉的气候，忌炎热，喜光，耐半阴。对土壤要求不严。种子发芽适宜温度为22～28℃，生育适宜温度为20～25℃。

繁殖方法：分株繁殖、扦插繁殖、芽接繁殖、播种繁殖。

观赏特性与应用：现在我国各地庭院栽培为花坛观赏植物。花梗高矮适中，花朵整齐，色彩明媚素净，可盆植美化庭院阳台，也可用作园林观赏、盆栽、花境、切花等。花期长，耐寒性强，是早春地被花卉的首选。作为街头绿地的地被花卉，具有较大魅力，可与金盏菊、三色堇、杜鹃、红叶小檗等配植。

金盏花 *Calendula officinalis* L.

科　　属：菊科金盏花属。

别　　名：金盏菊、盏盏菊、黄金盏。

形态特征：一年生草本植物。通常自茎基部分枝，绿色或多少被腺状柔毛。基生叶长圆状倒卵形或匙形，边缘全缘或具疏细齿，具柄；茎生叶长圆状披针形或长圆状倒卵形，无柄，先端钝，稀急尖，边缘波状具不明显的细齿，基部多少抱茎。头状花序单生于茎枝端；总苞片披针形或长圆状披针形，外层稍长于内层，顶端渐尖；小花黄色或橙黄色。

花　果　期：花期4～9月，果期6～10月。

产地与分布：原产于欧洲，在我国有栽培。

生态习性：喜温和、凉爽的气候，怕热，耐寒，有一定的耐旱性。生长要求光照充足或有轻微的荫蔽，喜疏松、排水良好、土壤肥沃适度的土质。

繁殖方法：播种繁殖。

观赏特性与应用：花美丽鲜艳，是庭院、公园装饰花圃、花坛的理想花卉。

菊花 *Chrysanthemum × morifolium* (Ramat.) Hemsl.

科　　属：菊科菊属。

别　　名：小白菊、小汤黄、杭白菊。

形态特征：多年生草本植物。茎直立，分枝或不分枝，被柔毛。叶片卵形至披针形，羽状浅裂或半裂，有短柄，背面被白色短柔毛。头状花序大小不一；总苞片多层，外层外面被柔毛；舌状花颜色多样；管状花黄色。

花 果 期：花期9～11月。

产地与分布：17世纪末荷兰商人将菊花从我国引入欧洲，18世纪传入法国，19世纪中期引入北美洲，此后菊花遍及全球。

生态习性：短日照植物，喜阳光，忌荫蔽，较耐旱，怕涝。喜温暖、湿润的气候，亦耐寒，严冬季节根状茎能在地下越冬。花能经受微霜，但幼苗生长期和分枝孕蕾期需较高的温度。最适生长温度为20℃左右。

繁殖方法：扦插繁殖、嫁接繁殖、播种繁殖。

观赏特性与应用：丛植于花坛、花境、庭院等处。可组成菊塔、菊桥、菊篱、菊亭、菊门、菊球等精美的造型，又可培植成大立菊、悬崖菊、十样锦、盆景等，种植形式多变，为每年的菊展增添无数的观赏艺术品。

秋英 *Cosmos bipinnatus* **Cavenilles**

科　　属：菊科秋英属。

别　　名：格桑花、扫地梅、大波斯菊。

形态特征：一年生或多年生草本植物。根纺锤状，多须根或近茎基部有不定根。茎无毛或稍被柔毛。叶二次羽状深裂，裂片线形或丝状线形。头状花序单生；舌状花紫红色、粉红色或白色；舌片椭圆状倒卵形。

花 果 期：花期 6 ~ 8 月，果期 9 ~ 10 月。

产地与分布：原产于美洲墨西哥。在我国栽培甚广，生于海拔 2700 m 以下的路旁、田埂、溪岸，常自生。

生态习性：喜温暖和阳光充足的环境，耐干旱，忌积水，忌炎热，不适应夏季高温，不耐寒。耐贫瘠，忌肥，需疏松、排水良好的壤土。

繁殖方法：播种繁殖、扦插繁殖。

观赏特性与应用：适于在草地边缘、树丛周围及路旁成片种植，适作花境背景材料，也可种植于篱边、山石、崖坡、树坛或宅旁。重瓣品种可作切花材料。

大丽花 *Dahlia pinnata* Cav.

科　　属：菊科大丽花属。

别　　名：大理花、大丽菊、地瓜花、洋芍药、苕菊、大理菊、西番莲、天竺牡丹、苕花。

形态特征：多年生草本植物。有巨大的棒状块根。茎直立，多分枝，粗壮。叶一回至三回羽状全裂，上部叶有时不分裂；裂片卵形或长圆状卵形，背面灰绿色，两面无毛。头状花序大，有长花序梗，常下垂；总苞片外层约5枚，卵状椭圆形，叶质，内层膜质；舌状花1层，白色、红色或紫色，常卵形，顶端边缘有不明显的3枚齿或全缘；管状花黄色，有时栽培种全部为舌状花。瘦果长圆形，黑色，扁平，有2枚不明显的齿。

花　果　期：花期6~12月，果期9~10月。

产地与分布：原产于墨西哥。现我国多地有栽培。

生态习性：喜半阴，阳光过强则影响开花，要求光照时间一般为10~12小时。喜凉爽的气候，但不耐霜，霜后茎叶立刻枯萎，不耐干旱，不耐涝。适宜栽培于疏松、排水良好的肥沃砂土中。

繁殖方法：分根繁殖、扦插繁殖、播种繁殖。

观赏特性与应用：花期长，花茎大，花朵多，色彩瑰丽，形态优美，适宜于花坛、花境或庭前丛植。矮生品种可作盆栽。

向日葵 *Helianthus annuus* L.

科　　属：菊科向日葵属。

别　　名：朝阳花。

形态特征：一年生高大草本植物。茎直立，粗壮，被白色粗硬毛，不分枝或有时上部分枝。叶互生；叶片心状卵圆形或卵圆形。总苞片多层，叶质，覆瓦状排列，卵形至卵状披针形，顶端尾状渐尖，被长硬毛或纤毛；花托平或稍凸，有半膜质托片；舌状花多数，黄色，舌片开展，长圆状卵形或长圆形，不结实；管状花极多数，棕色或紫色，有披针形裂片，结实。瘦果倒卵形或卵状长圆形。

花 果 期：花期 7~9 月，果期 8~9 月。

产地与分布：原产于北美洲，世界各国均有栽培。栖息地主要是草原及干燥、开阔的地区，沿着路边、田野、沙漠边缘和草地生长。

生态习性：耐高温和低温，更耐低温，最适生长温度为 21~26℃。对土壤要求较低，在各类土壤上均能生长，从肥沃土壤到旱地、瘠薄地、盐碱地均可种植。不仅具有较强的耐盐碱能力，还兼有吸盐性，可在碱性土中茁壮成长。抗旱性较强。

繁殖方法：播种繁殖。

观赏特性与应用：花盘形似太阳，花色亮丽，纯朴自然，充满生机。一般成片种植，开花时金黄耀眼，极为壮观，深受大家喜爱。也可盆栽或与园林小品相配置。

细裂银叶菊 *Jacobaea maritima* 'Silver Dust'

科　　属：菊科疆千里光属。

别　　名：细裂雪叶菊、南美银叶菊。

形态特征：多年生草本植物。全株密覆白色茸毛，犹如皑皑白雪披被，欧美称为银叶植物。多分枝。叶一回至二回羽状分裂；裂片线形，两面均被银白色柔毛，质较薄，缺裂如雪花图案。头状花序单生于枝顶；花小，黄色。

花　果　期：花期6～9月。

产地与分布：原产于欧洲南部。我国大部分地区有分布。

生态习性：较耐寒，不耐酷暑，高温高湿时易死亡。喜凉爽、湿润、阳光充足的气候和疏松、肥沃的砂壤土或富含有机质的黏壤土。

繁殖方法：播种繁殖、扦插繁殖。

观赏特性与应用：重要的园林观赏植物，为观叶植物中叶色最独特的一种，颇受人喜爱。适合盆栽或用于花坛美化，布置于庭院花坛，与红苋草、绿苋草、黄金露花等搭配，色彩更加丰富。

瓜叶菊 *Pericallis hybrida* B. Nord.

科　　属：菊科瓜叶菊属。

别　　名：千日莲、瓜叶莲。

形态特征：多年生草本植物。茎直立，密被白色长柔毛。叶具柄；叶片大，肾形至宽心形，有时上部叶三角状心形，先端急尖或渐尖，基部深心形，边缘不规则三角状浅裂或具钝齿，腹面绿色，背面灰白色，密被茸毛；叶脉掌状，在腹面下凹，背面突起。头状花序直径 3～5 cm，多数，在茎端排列成宽伞房状；小花紫红色、淡蓝色、粉红色或近白色；舌片开展，长椭圆形；管状花黄色。瘦果长圆形，具棱，初时被毛，后变无毛。

花果期：3～7月。

产地与分布：原产于大西洋加那利群岛。我国各地公园或庭院广泛栽培。

生态习性：喜温暖、湿润、通风良好的环境，不耐高温，怕霜冻。喜光植物，阳光充足时叶厚色深、花色鲜艳，但阳光过分强烈会引起叶片卷曲，缺乏生气。由于叶片大而薄，需保持充足水分，但又不能过湿，以叶片不凋萎为宜。

繁殖方法：播种繁殖、扦插繁殖、分株繁殖。

观赏特性与应用：花美丽鲜艳，色彩多样，是常见的盆景花卉和装点庭院居室的观赏植物。

黑心菊 *Rudbeckia hirta* L.

科　　属：菊科金光菊属。

别　　名：黑眼菊、堆心菊。

形态特征：一年生或二年生草本植物。全株被粗刺毛。茎不分枝或上部分枝。下部叶长卵圆形、长圆形或匙形，先端尖或渐尖，基部楔状下延，三出脉，边缘有细齿，有具翅的柄；上部叶长圆状披针形，先端渐尖，边缘有细至粗的疏齿或全缘，无柄或具短柄，两面被白色密刺毛。头状花序；外层总苞片长圆形，内层总苞片较短，披针状线形，顶端钝，全部被白色刺毛；舌状花鲜黄色，舌片长圆形，顶端有 2~3 枚不整齐的短齿；管状花暗褐色或暗紫色。

花果期：春播 6~7 月开花，秋播翌年 5~6 月开花。

产地与分布：原产于北美洲。我国各地庭院常见栽培。

生态习性：喜阳光充足的环境，性强健，耐干旱，极耐寒。在通风向阳处的砂壤土上生长良好。

繁殖方法：播种繁殖。

观赏特性与应用：有较高的观赏价值，既可地栽，亦能盆养，也可以作插花材料。多用于劳动节、儿童节、教师节、国庆节等节日的环境装饰，也常用于 6~9 月的各项庆典和生活空间的环境美化。

万寿菊 *Tagetes erecta* L.

科　　属：菊科万寿菊属。

别　　名：臭芙蓉、蜂窝菊、臭菊花、蝎子菊、金菊花。

形态特征：一年生草本植物。茎高 50～150 cm，直立而粗壮，具纵细条棱，分枝向上平展。叶羽状分裂，裂片长椭圆形或披针形，边缘具锐齿，上部叶裂片的齿端有长细芒，沿边缘有少数腺体。头状花序单生；花序梗顶端棍棒状膨大；花瓣边缘有齿；舌状花黄色或暗橙色；管状花花冠黄色。瘦果线形，基部缩小，黑色或褐色，被短微毛。

花 果 期：花期 7～9 月。

产地与分布：原产于墨西哥。我国各地有分布。可生于海拔 1150～1480 m 的地区，多生于路边草甸。

生态习性：喜光植物，喜温暖、湿润和阳光充足的环境，较耐干旱，对土壤要求不严，以肥沃、排水良好的砂壤土为好。

繁殖方法：扦插繁殖、播种繁殖，以播种繁殖为主。

观赏特性与应用：花大，花期长，常用来点缀花坛、广场，布置花境、花丛和花篱。中生、矮生品种也可作盆栽，植株较高的品种可作背景材料或切花。

孔雀草 *Tagetes patula* L.

科　　属：菊科万寿菊属。

别　　名：小万寿菊、红黄草、西番菊、臭菊花、缎子花、藤菊。

形态特征：一年生草本植物。株高 30～100 cm。茎直立，分枝斜展开。叶片羽状分裂，裂片线状披针形，边缘有齿，齿端常有长细芒，齿的基部通常有 1 个腺体。头状花序单生；花金黄色或橙色，花形与万寿菊相似，但花朵较小而繁多；花瓣较平滑，单瓣或重瓣。瘦果线形，基部缩小，黑色，被短柔毛，冠毛鳞片状。

花 果 期：花期 7～9 月。

产地与分布：原产于墨西哥，分布于四川、贵州、云南等地，生于海拔 750～1600 m 的山坡草地、林中。

生态习性：喜阳光，但在半阴处栽培也能开花，对土壤要求不严。生长迅速，耐移栽。

繁殖方法：播种繁殖。

观赏特性与应用：花色鲜艳，花期长，抗逆性强，适应范围广，常用作观赏性花卉装饰庭院、花坛等，也用作切花和盆栽。

麦秆菊 *Xerochrysum bracteatum* (Ventenat) Tzvelev

科　　属：菊科蜡菊属。

别　　名：蜡菊、麦藁菊、脆菊。

形态特征：一年生草本植物。茎粗壮，粗糙，似乎有毛。叶片条状或披针形。头状花序单生于枝顶；盘缘花瓣为围绕头状花序的多层总苞片，外层苞片短，覆瓦状排列，内部几层苞片伸长成花瓣状，淡红色或黄色，基部变厚带绿色，干燥而硬，类似麦秆，故名麦秆菊；小花聚成黄色花盘，花色有白色、淡红色、玫瑰红色、紫红色、淡黄色、深黄色至深枣红色。

花 果 期：花期7~9月。

产地与分布：原产于澳大利亚。我国有栽培。

生态习性：喜温暖、稍干燥和阳光充足的环境，不耐寒，不耐阴，不耐水湿，耐干旱，适宜生于肥沃、疏松和排水良好的砂壤土中。

繁殖方法：播种繁殖、扦插繁殖。

观赏特性与应用：苞片色彩艳丽，因含硅酸而呈膜质，干后有光泽。干燥后花形、花色经久不变不褪，是做干花的重要植物。可供冬季室内装饰用，又可用于布置花坛、花境，还可在林缘丛植，冬春在温室盆栽。

百日菊 *Zinnia elegans* Jacq.

科　　属：菊科百日菊属。

别　　名：百日草、步步登高、节节高、鱼尾菊、火毡花、对叶梅。

形态特征：一年生草本植物。株高 30～100 cm。茎直立，被糙毛或硬毛。叶片宽卵圆形或长椭圆形，基部稍心形抱茎，两面粗糙，背面被密短糙毛。头状花序单生于枝端；总苞片宽钟状，多层，宽卵形或卵状椭圆形；舌状花深红色、玫瑰色、紫堇色或白色，舌片倒卵圆形；管状花黄色或橙色。雌花瘦果倒卵圆形，扁平；管状花瘦果倒卵状楔形。有单瓣、重瓣、卷叶、皱叶和各种不同颜色的品种。

花　果　期：花期 6～9 月，果期 7～10 月。

产地与分布：原产于墨西哥，我国各地常栽培。

生态习性：喜温暖，不耐寒，喜阳光，怕酷暑，性强健，耐干旱，耐瘠薄，忌连作。根深茎硬不易倒伏。宜在深厚肥沃的土壤中生长。

繁殖方法：播种繁殖、扦插繁殖。

观赏特性与应用：花大色艳，开花早，花期长，株型美观，可按高矮分别用于花坛、花境、花带，也常盆栽。

菖蒲科

金钱蒲 *Acorus gramineus* Soland.

科　　属：菖蒲科菖蒲属。

别　　名：山菖蒲、药菖蒲、菖蒲叶、建菖蒲。

形态特征：多年生草本植物。株高 20～30 cm。根肉质，多数，须根密集。根状茎较短，横走或斜伸，芳香，外皮淡黄色。上部多分枝，呈丛生状。叶基对折，两侧膜质叶鞘棕色，上延至叶片中部以下，渐狭，脱落；叶片质地较厚，线形，绿色，极狭，先端长渐尖，无中肋，平行脉多数。叶状佛焰苞短，为肉穗花序长的 1～2 倍，稀比肉穗花序短，狭；肉穗花序黄绿色，圆柱形。果黄绿色。

花 果 期：花期 5～6 月，果 7～8 月成熟。

产地与分布：产于浙江、江西、湖北、湖南、广东、广西、陕西、甘肃、四川、贵州、云南、西藏。生于海拔 1800 m 以下的水旁湿地或石上。

生态习性：喜阴湿的环境，喜冷凉、湿润的气候，耐寒，忌干旱，以在沼泽、湿地或灌水方便的砂壤土、富含腐殖质的壤土中栽培为宜。喜欢通风好的环境，在通风不好的情况下会腐烂，所以盆栽需隔日清除腐叶。

繁殖方法：根状茎繁殖。

观赏特性与应用：宜在较密的林下作地被植物，常作景观植物盆栽或点缀园林水景。

天南星科

广东万年青 *Aglaonema modestum* Schott ex Engl.

科　　属：天南星科广东万年青属。

别　　名：大叶万年青、井干草、亮丝草、粤万年青、开喉剑、冬不凋草。

形态特征：多年生常绿草本植物。根状茎粗短，节处有须根。叶基部丛生；叶片宽倒披针形，质硬而有光泽。

花　果　期：花期4～5月。

产地与分布：分布于我国广东、广西至云南东南部（富宁、屏边）。生于海拔500～1700 m的地区，多生于密林中。

生态习性：喜温暖、湿润的环境，不耐寒，越冬温度不得低于12℃。生长温度为25～30℃，相对湿度为70%～90%。耐阴性强，忌强光直射。要求疏松、肥沃、排水良好的微酸性土。

繁殖方法：分株繁殖、播种繁殖。

观赏特性与应用：除盆栽点缀厅室外，也可剪叶作插花配叶或装饰室外环境。

海芋 *Alocasia odora* (Roxburgh) K. Koch

科　　属：天南星科海芋属。

别　　名：野芋、滴水观音、佛手莲、狼毒。

形态特征：大型常绿草本植物。具匍匐根状茎，有直立的地上茎。叶多数；叶柄绿色或污紫色，螺状排列，粗厚，展开；叶片亚革质，草绿色，箭状卵形，边缘波状，聚生于茎顶。花序柄圆柱形，通常绿色，有时污紫色；佛焰苞管部绿色，卵形或短椭圆形；肉穗花序芳香；雌花序白色。浆果红色，卵状。

花　果　期：花期四季，但在密阴的林下常不开花。

产地与分布：产于我国华南地区、西南地区及台湾。东南亚也有分布。常成片生于海拔1700 m以下的热带雨林林缘或河谷野芭蕉林下。

生态习性：喜高温、潮湿的环境，耐阴，耐寒，畏干旱，不耐强风吹，不耐强光照，畏盐碱，喜偏酸，以疏松、肥沃、排水良好的砂壤土栽培最佳。

繁殖方法：分株繁殖、扦插繁殖、播种繁殖、球根繁殖。

观赏特性与应用：景观效果独特，无论是配合其他植物、园林小品抑或单独造景，都有良好的景观效果。可群植展现群体美，也可孤植、丛植体现个体美。

花烛 *Anthurium andraeanum* Linden

科　　属：天南星科花烛属。

别　　名：红鹅掌、红掌、红苞花烛、蜡烛花、安祖花。

形态特征：多年生常绿草本植物。茎节短。叶自基部生出；叶片绿色，革质，边缘全缘，长圆状心形或卵心形；叶柄细长。佛焰苞平出，革质并有蜡质光泽，橙红色或猩红色；肉穗花序黄色。

花　果　期：常年开花不断，春季至秋季开花较盛。

产地与分布：原产于南美洲热带雨林潮湿、半阴的沟谷地带。常附生在树上，有时附生在岩石上或直接生长在地上。

生态习性：喜温暖、潮湿和半阴的环境，但不耐阴，喜阳光但忌阳光直射，怕干旱，不耐寒，喜肥，忌盐碱。

繁殖方法：分株繁殖、播种繁殖、扦插繁殖、组织培养。

观赏特性与应用：优质的切花材料。花期持久，适合盆栽或在庭院荫蔽处丛植用于美化。

绿霸王黛粉芋 *Dieffenbachia* 'Big Ban'

科　　属：天南星科黛粉芋属。

别　　名：花叶万年青、白黛粉叶、银斑万年青。

形态特征：较矮小亚灌木状。株高 0.6 ~ 1.5 m。茎粗壮，多肉质，节间短。叶片着生于茎干上部，大而光亮，椭圆状卵圆形或宽披针形，先端渐尖，边缘全缘，两面深绿色，其上镶嵌着密集、不规则的白色、乳白色、淡黄色等色彩不一的斑点、斑纹或斑块；叶柄长；叶鞘达叶片中部以上，半圆柱形。佛焰花序；佛焰苞椭圆形，下部筒状；花单性。浆果橙黄绿色。

产地与分布：原产于南美洲。

生态习性：喜温暖、湿润和半阴的环境，不耐寒，怕干旱，忌强光暴晒，要求疏松、肥沃和排水良好的土壤。

繁殖方法：分株繁殖、扦插繁殖，以扦插繁殖为主。

观赏特性与应用：色彩明亮强烈，优美高雅，观赏价值高，是目前备受推崇的室内观叶植物之一，适合盆栽观赏，点缀客厅、书房，常置于书斋、厅堂的条案上或书画长幅之下。

绿萝 *Epipremnum aureum* (Linden et Andre) Bunting

科　　属：天南星科麒麟叶属。

别　　名：魔鬼藤、黄金葛、黄金藤。

形态特征：高大藤本植物。茎攀缘，多分枝，枝悬垂；幼枝鞭状，细长。下部叶片大，纸质，宽卵形，短渐尖，基部心形；叶片薄革质，翠绿色，有多数不规则纯黄色斑块，边缘全缘，不等侧卵形或卵状长圆形，先端短渐尖，基部深心形。

花　果　期：不易开花。

产地与分布：原产于所罗门群岛，现广泛栽植于亚洲各热带地区。广西有栽培。

生态习性：阴生植物，喜湿热的环境，忌阳光直射，喜阴，喜富含腐殖质、疏松、肥沃的微酸性土。

繁殖方法：扦插繁殖。

观赏特性与应用：既可攀附于用棕扎成的圆柱、绿化树干上，摆于门厅、宾馆，也可培养成悬垂状置于书房、窗台、墙面、墙垣，还可用于林荫下做地被植物，是一种较适合室内摆放的花卉。

龟背竹 *Monstera deliciosa* Liebm.

科　　属：天南星科龟背竹属。

别　　名：蓬莱蕉、电丝兰、穿孔喜林芋。

形态特征：攀缘灌木状。茎绿色，粗壮；节上有较大的新月形叶痕，生有索状肉质气生根。叶片大，心状卵形，厚革质，腹面发亮，淡绿色，背面绿白色；嫩叶心形，有5孔，长大后广卵形，边缘具宽大不规则羽状深裂，自叶缘至叶脉附近有椭圆形至长椭圆形的孔洞，图案如龟甲。浆果淡黄色。

花 果 期：花期8~9月，果于翌年花期后成熟。

产地与分布：原产于墨西哥。我国福建、广东、广西和云南等地栽于露地，北京、湖北等地多栽于温室。

生态习性：喜温暖、潮湿的环境，忌强光暴晒和干燥，耐阴，不耐寒，易生于富含有机质的腐叶土或砂壤土中。

繁殖方法：播种繁殖、扦插繁殖，以扦插繁殖为主。

观赏特性与应用：叶形奇特，常年碧绿，极耐阴，可盆栽或于庭院荫蔽地栽培，是有名的室内大型盆栽观叶植物；也可孤植于池畔、溪旁及石缝中，颇具野趣。叶片可作花材。

春羽 *Philodendron selloum* K. Koch

科　　属：天南星科喜林芋属。

别　　名：春雨、羽裂蔓绿绒、羽裂喜林芋。

形态特征：多年生常绿草本植物。茎有气生根。全叶羽状深裂，革质；实生苗幼年期的叶片较薄，三角形，叶片随着后期生长逐渐变大，羽裂缺刻愈多愈深。肉穗花序稍短于佛焰苞；佛焰苞乳白色；花单性，白色，无花被。盆栽少有开花。浆果。种子外皮红色。

花　果　期：花期4～6月，盆栽少有开花。

产地与分布：原产于南美洲。我国华南、东南、西南的热带地区、亚热带地区有引种栽培。

生态习性：喜高温、多湿的环境，耐阴而怕强光直射，耐寒性稍强，要求肥沃、疏松、排水良好的微酸性土。是本属中较耐寒的一种。

繁殖方法：扦插繁殖、分株繁殖。

观赏特性与应用：适于布置宾馆的大厅、室内花园、办公室及家庭的客厅、书房等处。也可丛植于林缘、池畔、路沿或片植作地被。能吸收空气和水体中的有毒物质，净化环境。

大藻 *Pistia stratiotes* L.

科　　属：天南星科大藻属。

别　　名：水白菜。

形态特征：多年生浮水草本植物。有长而悬垂的根多数；须根羽状，密集。叶簇生成莲座状；叶片常因发育阶段不同而形状各异，倒三角形、倒卵形、扇形至倒卵状长楔形，先端平截或浑圆，基部厚，两面被毛，基部毛尤为浓密；叶脉扇状伸展，背面明显隆起成折皱状。佛焰苞白色，外被茸毛，下部管状，上部张开；肉穗花序背面2/3与佛焰苞合生。

花　果　期：花期5～11月。

产地与分布：原产于热带和亚热带地区，在南亚、东南亚、南美洲及非洲都有分布。珠江三角洲一带野生较多，由于生长快，产量高，因此南方地区都引入放养，逐渐从珠江流域移到长江流域。

生态习性：喜高温、湿润的气候，耐寒性差。温度15～45℃一般都能生长，10℃以下常烂根掉叶，低于5℃时枯萎死亡。喜氮肥，在肥水中生长发育快，分株多，产量高；能在中性或微碱性水中生长，以pH值6.5～7.5为宜。

繁殖方法：播种繁殖、分株繁殖。

观赏特性与应用：可点缀水面，宜种于池塘、水池中观赏。

合果芋 *Syngonium podophyllum* Schott

科　　属：天南星科合果芋属。

别　　名：长柄合果芋、箭叶芋、白蝴蝶、白果芋。

形态特征：多年生蔓性常绿草本植物。茎节具气生根，攀附他物生长，有乳液。叶片二型；幼叶为单叶，箭形或戟形；老叶为5～9裂的掌状叶，中间一片叶大型，叶基裂片两侧常着生小型耳状叶片；初生叶色淡；老叶深绿色，叶面有斑块、斑纹等，

且叶质加厚；地上叶盾形，随着植株攀附到树上，叶的分裂也随之加深。佛焰苞浅绿色或黄色。

花　果　期：一般不易开花。

产地与分布：原产于美洲热带地区，世界各地已广泛栽培。

生态习性：对光照的适应性强，较喜欢散光，阳光太强叶边会枯黄，光线太暗则导致叶片无光。不耐严寒，喜高温、高湿的环境，要求疏松、肥沃、排水良好的微酸性土。

繁殖方法：扦插繁殖、组织培养、分株繁殖。

观赏特性与应用：园林绿化用途广泛，可用于室内装饰，也可用于室外园林观赏。株态优美，叶形多变，色彩清雅，是十分流行的室内吊盆装饰材料，还可用作插花的配叶材料。

马蹄莲 *Zantedeschia aethiopica* (L.) Spreng.

科　　属：天南星科马蹄莲属。

别　　名：慈姑花、海芋、野芋、海芋百合、花芋。

形态特征：多年生粗壮草本植物。具块茎。叶基生，下部具鞘；叶片较厚，绿色，心状箭形或箭形，先端锐尖、渐尖或具尾状尖头，基部心形或戟形，边缘全缘，无斑块。肉穗花序圆柱形，黄色；佛焰苞黄色；檐部略后仰，锐尖或渐尖，具锥状尖头，亮白色，有时带绿色。浆果短卵圆形，淡黄色。种子倒卵状球形。

花果期：花期2～3月，果8～9月成熟。

产地与分布：原产于非洲东北部及南部。广西各地有栽培。

生态习性：喜温暖、湿润和阳光充足的环境。不耐寒和干旱。生长适宜温度为15～25℃，夜间温度不低于13℃，若温度高于25℃或低于5℃，则被迫休眠。喜水，生长期土壤要保持湿润，夏季高温期块茎进入休眠状态后要控制浇水。要求肥沃、保水性能好的黏壤土，pH值在6.0～6.5。

繁殖方法：块茎繁殖。

观赏特性与应用：花枝挺拔，常用于制作花束、花篮、花环和瓶插。矮生和小花品种盆栽摆放于台阶、窗台、阳台、镜前，充满情调。配植庭院，尤其丛植于水池或堆石旁，开花时非常美丽。

鸭跖草科

小蚌兰 *Rhoeo spathaceo* CV 'Compacta'

科　　属：鸭跖草科紫万年青属。

别　　名：小紫背万年青。

形态特征：多年生草本植物。茎较粗壮，肉质，节密生，不分枝。叶基生，密集覆瓦状，无柄；叶片披针形或舌状披针形，先端渐尖，基部扩大成鞘状抱茎，腹面暗绿色，背面紫色。聚伞花序生于叶的基部，大部分藏于叶内；花多而小，白色。蒴果 2 ~ 3 室，室背开裂。

花果期：花期 5 ~ 7 月。

产地与分布：产于中美洲热带地区。分布于广东、广西、福建等地。

生态习性：中性植物，日照充足时叶色较美观。喜温暖至高温，冬季应温暖避风。盆栽以用肥沃的腐殖质壤土最佳，排水须良好。

繁殖方法：扦插繁殖、分株繁殖。

观赏特性与应用：叶簇密集，洁净整齐，不易开花，生性强健，耐旱性好。在强光下栽培，叶色转为紫红色，优雅悦目，是华南地区常用的园林绿化优良植物，适合庭院美化或盆栽。

紫竹梅 *Tradescantia pallida* (Rose) D. R. Hunt

科　　属：鸭跖草科紫露草属。

别　　名：紫鸭跖草、紫竹兰。

形态特征：多年生草本植物。幼株半直立，成株匍匐状。茎肉质，多分枝，紫红色，下垂或匍匐状呈半蔓性，每节有1片叶。叶抱茎互生；叶片披针形，边缘全缘，紫红色，被短毛。花生于枝端，较大，粉红色。

花果期：花期7~9月，果期9~10月。

产地与分布：原产于墨西哥。我国各地有栽培。

生态习性：喜温暖、湿润、半阴的环境，不耐寒，忌阳光暴晒，最适生长温度为20~30℃，夜间温度为10~18℃时生长良好，冬季不低于10℃。对干旱有较强的适应能力，对土壤要求不严，适宜生于肥沃、湿润的壤土中。

繁殖方法：分株繁殖、扦插繁殖。

观赏特性与应用：叶色美观，为观叶植物，可栽植于庭院的花坛、园路边、草坪边或用作镶边植物，可植于石墙的石隙中用于立体绿化，也适合与其他色叶植物配植营造不同色块景观。盆栽可用于居室绿化。

紫背万年青 *Tradescantia spathacea* Swartz

科　　属：鸭跖草科紫露草属。

别　　名：蚌花、紫锦兰、紫万年青、蚌兰。

形态特征：多年生直立草本植物。植株较高，多分蘖，丛生。茎直立，粗厚而短，具节，不分枝，仅基部微露的茎有淡紫红色泽。叶片剑形或带状，互生而紧贴，先端短渐尖，基部紧贴而呈鞘状，腹面暗绿色，背面紫色。花序腋生，具短序梗；花常多朵聚生于2枚蚌壳状或舟状的苞片内；苞片大，压扁状，淡紫色；萼片2枚，分离，花瓣状；花瓣3片，白色，离生。蒴果小，2~3室，室背开裂。

花果期：花期8~10月。

产地与分布：原产于加勒比海地区和中美洲。广西各地园圃有种植供观赏。

生态习性：喜温暖、湿润和阳光充足的环境，忌强光暴晒，适宜生于肥沃而保水性强的土壤。

繁殖方法：播种繁殖、扦插繁殖、分株繁殖。

观赏特性与应用：优美的盆栽观叶植物，适于室内装饰或会场、展览厅、公共场所的布置。

莎草科

风车草 *Cyperus involucratus* Rottboll

科　　属：莎草科莎草属。

别　　名：旱伞草、紫苏。

形态特征：多年生草本植物。根状茎短，粗大。叶片伞状；叶鞘棕色。叶状苞片20枚，近相等，较花序长，向四周平展开；多次复出长侧枝聚伞花序具多数第一次辐射枝，每个第一次辐射枝具4～10个第二次辐射枝；小穗密集于第二次辐射枝上端。

花　果　期：花期4～8月。

产地与分布：原产于非洲，我国各地有栽培。广泛分布于森林、草原地区的大湖、河流边缘的沼泽中。

生态习性：喜温暖、阴湿及通风良好的环境，适应性强，对土壤要求不严，以保水强的肥沃土壤最佳。在沼泽地及长期积水的湿地也能生长良好。生长适宜温度为15～25℃，不耐寒冷，冬季室温应保持在5～10℃。

繁殖方法：播种繁殖、扦插繁殖、分株繁殖。

观赏特性与应用：常依水而生，植株茂密，丛生，茎秆秀雅挺拔，叶伞状，奇特优美。种植于溪流岸边，与假山、礁石搭配，四季常绿，风姿绰约，尽显安然娴静的自然美，是园林水体造景常用的观叶植物。

水葱 *Schoenoplectus tabernaemontani* (C. C. Gmelin) Palla

科　　属: 莎草科水葱属。

别　　名: 莞、苻蓠、莞蒲、夫蓠、葱蒲、莞草。

形态特征: 匍匐根状茎粗壮。秆高大,圆柱状。最上面一个叶鞘具叶片;叶片线形。苞片1枚,为秆的延长,直立,钻状,常短于花序,极少数稍长于花序;长侧枝聚伞花序简单或复出,假侧生;小穗单生或2～3个簇生于辐射枝顶端,卵形或长圆形,顶端急尖或钝圆,具多数花。

花 果 期: 6～9月。

产地与分布: 产于我国东北地区和内蒙古、山西、陕西、甘肃、新疆、河北、江苏、贵州、四川、云南。朝鲜、日本及大洋洲、美洲也有分布。生于湖边、水边、浅水塘、沼泽地或湿地草丛中。

生态习性: 喜光,喜热,喜肥沃底泥,耐一定贫瘠。最适生长温度为15～30℃,10℃以下停止生长,能耐低温,在北方大部分地区可露地越冬。

繁殖方法: 播种繁殖、分株繁殖。

观赏特性与应用: 生长迅速,可在湿地水际线片植、丛植。水际线配置宜选用带状,与花叶芦竹、慈姑等组合较宜,岸边叠石旁宜丛植或小片植,水深梯度配置与睡莲等浮叶植物和黑藻、苦草、狐尾藻等沉水植物组合较宜。

禾本科

芦竹 *Arundo donax* L.

科　　属：禾本科芦竹属。

别　　名：荻芦竹、江苇、旱地芦苇、芦竹笋。

形态特征：多年生草本植物。具发达根状茎。秆粗大直立，具多数节，常具分枝。叶鞘长于节间，无毛或颈部具长柔毛；叶舌截平，先端具短纤毛；叶片扁平，腹面与边缘微粗糙，基部白色，抱茎。圆锥花序极大型，分枝稠密，斜升；外稃中脉延伸成 1 ~ 2 mm 的短芒，背面中部以下密生长柔毛，两侧上部具短柔毛；内稃长约为外稃的一半。颖果细小，黑色。

花果期：9 ~ 12 月。

产地与分布：我国产于广东、海南、广西、贵州、云南、四川、湖南、江西、福建、台湾、浙江、江苏等地。亚洲、非洲、大洋洲热带地区广泛分布。生于河岸道旁。南方各地庭院有引种栽培。

生态习性：喜温暖、湿润的环境，耐寒性不强，生于砂壤土上。

繁殖方法：播种繁殖、分株繁殖、扦插繁殖。

观赏特性与应用：供庭院观赏，花序可作切花。常大片生长形成芦竹荡，为湿地景观的重要风景资源。

地毯草 *Axonopus compressus* (Sw.) Beauv.

科　　属：禾本科地毯草属。

别　　名：大叶油草。

形态特征：多年生草本植物。具匍匐茎。茎扁平，节上密生灰白色柔毛。叶鞘松弛，基部者互相跨复，压扁，呈脊，边缘质较薄，近鞘口处常疏生毛；叶片扁平，质地柔薄，两面无毛或腹面被柔毛，近基部边缘疏生纤毛。总状花序 2 ~

5 枚，最长 2 枚成对而生，指状排列于主轴上。

产地与分布：原产于美洲热带地区，全球热带、亚热带地区有引种栽培。台湾、广东、广西、云南有分布。生于荒野、路旁较潮湿处。

生态习性：适宜生于热带和亚热带气候地区，喜光，较耐阴，再生力强，耐践踏。对土壤要求不严，能适应低肥的砂土和酸性土，在冲积土和肥沃的砂壤土上生长最好。

繁殖方法：播种繁殖、分株繁殖。

观赏特性与应用：匍匐枝蔓延迅速，每节上都生根和抽出新植株，平铺地面成毯状，故称地毯草，为铺建草坪的草种。根有固土作用，是一种良好的保土植物。又因茎叶柔嫩，为优质牧草。

吊丝竹 *Dendrocalamus minor* (Mc Clure) Chia et H. L. Fung

科　　属：禾本科牡竹属。

别　　名：花吊丝竹。

形态特征：乔木状竹类植物。竿近直立，梢端作弓形弯曲或下垂；节间圆筒形，无毛，幼时密被白粉；分枝习性高，枝多条，束生于每节，主枝不很显著；末级分枝常单生，枝环显著隆起，节间无毛而有光泽，枝上端具3～8片叶。叶鞘起初疏生小刺毛，后无毛；叶片长圆状披针形，基部圆，先端细

长渐尖，两面均无毛，背面似有白粉，灰绿色，小横脉在叶片背面清晰可见。花枝细长，无叶，被锈色柔毛。果长圆状卵形，先端具喙，其上生小刺毛，其余各处无毛。果皮棕色。

花果期：花期10～12月。

生态习性：热带、亚热带阳性竹种，喜生长在年平均温度16℃以上、年平均降水量1200 mm以上的温暖、湿润、阳光充足的环境。较耐旱，喜钙，耐瘠薄。

产地与分布：特产于广东、广西，现贵州也有。常生于石山脚、房前屋后土层深厚肥沃处，石山坡上也能顽强生长。在石灰岩地区常单独栽培成纯林，也可与任豆、香椿、菜豆树等高大落叶石山树种混生，构成第二林层，共同生长。

繁殖方法：分株繁殖。

观赏特性与应用：公路绿化、江河、湖岸、广场、围墙等地理想的布景植物。

五节芒 *Miscanthus floridulus* (Lab.) Warb. ex Schum et Laut.

科　　属：禾本科芒属。

别　　名：芒草、管芒、管草、寒芒。

形态特征：多年生草本植物。具发达根状茎。秆高大似竹，高 2 ~ 4 m，无毛，节下具白粉。叶片披针状线形，扁平，基部渐窄或圆形，先端长渐尖，中脉粗壮隆起，两面无毛，或上面基部有柔毛，边缘粗糙。圆锥花序大型，稠密；分枝较细弱，通常 10 多枝簇生于基部各节，具二回至三回小枝，腋间生柔毛。

花 果 期：5 ~ 10 月。

产地与分布：产于江苏、浙江、福建、台湾、广东、海南、广西等地。亚洲东南部太平洋诸岛至波利尼西亚有分布。生于低海拔撂荒地、丘陵潮湿谷地、山坡或草地。

生态习性：喜温暖、湿润的气候，最适宜温度为 25 ~ 30℃，可耐 pH 值为 4 的酸性土，也有一定的耐阴性。在贫瘠土壤中生长不良，在肥沃、疏松的土壤中能很快成为优势种。

繁殖方法：播种繁殖。

观赏特性与应用：堤岸、石山、风景区绿化的优良竹种。冬天花絮美丽迷人，在阳光下甚是好看。

狼尾草 *Pennisetum alopecuroides* (L.) Spreng.

科　　属：禾本科狼尾草属。

别　　名：狗尾巴草、芮草、老鼠狼、狗仔尾。

形态特征：多年生草本植物。须根较粗壮。秆直立，丛生，在花序下密生柔毛。叶鞘光滑，两侧压扁，主脉呈脊；基部的叶鞘跨生状，秆上部的叶鞘长于节间；叶片线形，先端长渐尖，基部生疣毛。圆锥花序直立，刚毛粗糙，淡绿色或紫色；小穗通常单生，偶有双生，线状披针形。颖果长圆形。

花 果 期：夏秋季。

产地与分布：我国自东北、华北至华东、中南及西南各地有分布。日本、印度、朝鲜、缅甸、巴基斯坦、越南、菲律宾、马来西亚及大洋洲、非洲也有分布。多生于海拔50～3200 m的田岸、荒地、道旁及小山坡上。

生态习性：喜光照充足的环境，耐旱，耐湿，耐半阴，抗寒性强，适合温暖、湿润的气候，当温度达到20℃以上时，生长速度加快。抗倒伏，无病虫害。

繁殖方法：播种繁殖。

观赏特性与应用：生命力较强，根非常发达，深深地插入土壤中，可以减少土壤侵蚀，对维护生物多样性大有裨益。

芦苇 *Phragmites australis* (Cav.) Trin. ex Steud.

科　　属：禾本科芦苇属。

别　　名：苇、芦、芦芽、蒹葭。

形态特征：多年生挺水植物。根状茎十分发达。秆直立，具 20 多节，基部和上部的节间较短，最长节间位于下部第 4 ～ 6 节，节下被腊粉。叶舌边缘密生一圈长约 1 mm 的短纤毛，两侧缘毛易脱落；叶片披针状线形，无毛，先端长渐尖成丝状。圆锥花序大型，分枝多数，着生稠密下垂的小穗。

花　果　期：花期 8 ～ 12 月。

产地与分布：产于全国各地，为全球广泛分布的多型种。生于江河湖泽、池塘沟渠沿岸和低湿地。除森林生境不生长外，各种有水源的空旷地带常以迅速扩展的繁殖能力形成连片的芦苇群落。

生态习性：喜充裕的光照，土壤 pH 值一般为 6.5 ～ 8.5，生于质地黏重的沼泽、盐碱地或中性土上。

繁殖方法：播种繁殖、根状茎繁殖。

观赏特性与应用：具有深水、耐寒、抗旱、抗高温、抗倒伏的特点，有短期成型、快速成景的优点。

大狗尾草 *Setaria viridis* (L.) Beauv.

科　　属: 禾本科狗尾草属。

别　　名: 莠、谷莠子、阿罗汉草、稗子草。

形态特征: 一年生草本植物。根须状, 高大植株具支持根。秆直立或基部膝曲。叶鞘松弛, 无毛或疏具柔毛或疣毛, 边缘具较长的密绵毛状纤毛; 叶舌极短; 叶片扁平, 长三角状狭披针形或线状披针形, 先端长渐尖或渐尖, 基部钝圆, 几乎呈截状或渐窄, 长 4～30 cm, 宽 2～18 mm, 通常无毛或疏被疣毛, 边缘粗糙。圆锥花序紧密成圆柱状或基部稍疏离。颖果灰白色。

花 果 期: 5～10月。

产地与分布: 原产于欧亚大陆的温带和暖温带地区, 现广泛分布于全球温带和亚热带地区。生于海拔 4000 m 以下的荒野、道旁, 为旱地常见的一种杂草。

生态习性: 喜温暖、湿润的气候, 适生性强, 耐旱, 耐贫瘠, 在酸性或碱性土中均可生长, 在疏松、肥沃、富含腐殖质的砂壤土及黏壤土中生长好。

繁殖方法: 播种繁殖。

观赏特性与应用: 用于花坛配置。

香蒲科

科　　属：香蒲科香蒲属。

别　　名：东方香蒲、猫尾草、蒲菜、水蜡烛、菖蒲、长苞香蒲。

形态特征：多年生水生或沼生草本植物。根状茎乳白色。地上茎粗壮，向上渐细。叶片条形，光滑无毛，上部扁平，下部腹面微凹，背面逐渐隆起呈凸形；叶鞘抱茎。花序轴具白色弯曲柔毛；自基部向上具 1～3 枚叶状苞片，花后脱落。小坚果椭圆形至长椭圆形，果皮具长形褐色斑点。种子褐色，微弯。

花 果 期：花果期 5～8 月。

产地与分布：产于黑龙江、吉林、辽宁、内蒙古、河北、山西、河南、陕西、安徽、江苏、浙江、江西、广东、广西、云南、台湾等地。菲律宾、日本、俄罗斯及大洋洲等有分布。生于湖泊、池塘、沟渠、沼泽及河流缓流带。

生态习性：喜高温、多湿的气候，生长适宜温度为 15～30℃，当温度下降到 10℃以下时，生长基本停止，越冬期间能耐 -9℃低温，当温度升高到 35℃以上时，植株生长缓慢。最适水深 20～60 cm，亦能耐 80 cm 的深水。对土壤要求不严，在黏土和砂壤土上均能生长，但以有机质达 2% 以上、淤泥层深厚肥沃的壤土为宜。

繁殖方法：播种繁殖、分株繁殖，一般用分株繁殖。

观赏特性与应用：叶绿穗奇，常用于点缀园林水池、湖畔，构筑水景，宜作花境、水景的背景材料，也可盆栽用于布置庭院。与其他野生水生植物组合可用在模拟大自然的溪涧、喷泉、跌水、瀑布等园林水景造景中，使景观野趣横生，别有风味。

鹤望兰科

旅人蕉 *Ravenala madagascariensis* Adans.

科　　属：鹤望兰科旅人蕉属。

别　　名：旅人木、扁芭槿、扇芭蕉、水木、孔雀树。

形态特征：叶2行排列于茎顶，像一把大折扇；叶片长圆形，似蕉叶。蝎尾状聚伞花序，花序腋生；佛焰苞内有花5～12朵；萼片披针形，革质；花瓣与萼片相似。蒴果3瓣开裂。种子肾形，被碧蓝色撕裂状假种皮。

花果期：花期7～8月。

产地与分布：原产于马达加斯加。广东、广西、台湾有少量栽培。

生态习性：喜光，喜高温、多湿的气候和向阳的环境，夜间温度不能低于8℃。要求疏松、肥沃、排水良好的土壤，忌低洼积涝。

繁殖方法：分株繁殖。

观赏特性与应用：株型飘逸别致，可作大型庭院观赏植物，用于庭院绿化。地栽孤植、丛植或列植均可，在北方地区可室内盆栽观赏。

大鹤望兰 *Strelitzia reginae* Aiton

科　　属：鹤望兰科鹤望兰属。

别　　名：天堂鸟、极乐鸟花。

形态特征：多年生草本植物。无茎。叶片长圆状披针形，先端急尖，基部圆形或楔形，下部边缘波状；叶柄细长。花数朵生于约与叶柄等长或略短于叶柄的总花梗上，下托1个佛焰苞；佛焰苞舟状，绿色，边缘紫红色；萼片披针形，橙黄色；箭头状花瓣基部具耳状裂片，与萼片近等长，暗蓝色。

花果期：花期冬季。

产地与分布：原产于非洲南部。我国南方的公园、花圃有栽培，北方则为温室栽培。

生态习性：亚热带长日照植物，喜温暖、湿润、阳光充足的环境，畏严寒，忌酷热，忌旱，忌涝。要求排水良好的疏松、肥沃、pH值为6～7的砂壤土，生长适宜温度为20～28℃。

繁殖方法：播种繁殖、分株繁殖、组织培养。

观赏特性与应用：花期可达100天，每朵花可开13～15天，一朵花谢，另一朵相继而开。切花瓶插可达15～20天之久，插花多用自然式插花，将2支高低搭配，是室内观赏的佳品。可丛植于院角，用于庭院造景和花坛、花境的点缀。

蝎尾蕉科

金嘴蝎尾蕉 *Heliconia rostrata* Ruiz et Pav.

科　　属：蝎尾蕉科蝎尾蕉属。

别　　名：小天堂鸟、小红鸟、小鸟花、火鸟蕉、黄鸟鹤蕉。

形态特征：多年生常绿丛生草本植物。株高 1 ~ 1.5 m。地上假茎约 1 cm，基部紫红色。叶鞘浅红色，鞘抱茎而生；单叶互生；叶片长披针形或椭圆形，薄革质，光滑，边缘全缘，长柄。穗状花序顶生，花茎直立，花序轴红色或粉红色；管状花三角形，黄白色至淡绿色，顶端有绿色斑纹，尖端白色。

花 果 期：花期 6 ~ 11 月，开花后不结实。

生态习性：喜温暖、湿润、光照充足的环境，耐阴，耐水湿，不耐瘠薄，忌干旱，畏寒冷，生长适宜温度为 22 ~ 30℃，喜富含有机质、肥沃的中性至酸性土。

产地与分布：分布较广泛，在美国的佛罗里达、夏威夷，美洲的巴巴拉斯岛、哥斯达黎加等地有分布。

繁殖方法：播种繁殖、分株繁殖、组织培养。

观赏特性与应用：花序亭亭玉立，苞片颜色深红，极为耀眼，花期较长，是庭院、花园、公园、公路旁的高档绿化植物，片植、丛植时均极为美观。略作矮化可盆栽观赏。由于花序长，切花观赏时间长，是高档的切花材料。

姜 科

科　　属：姜科山姜属。

别　　名：红团叶、糕叶、花叶良姜、斑纹月桃。

形态特征：植株高 2~3 m。叶片披针形，先端渐尖，有 1 个旋卷的小尖头，基部渐狭，边缘具短柔毛，两面均无毛；叶柄外被毛。总状圆锥花序，下垂；花序轴紫红色，被茸毛，分枝极短，每一分枝上有花 1~2（3）朵；小苞片椭圆形，白色，顶端粉红色，蕾时包裹住花，无毛；花冠管较花萼短，裂片长圆形。蒴果卵圆形，被稀疏的粗毛，具显露的条纹，熟时朱红色。种子有棱角。

花 果 期：花期 4~6 月，果期 7~10 月。

产地与分布：产于我国东南至西南地区。亚洲热带地区广泛分布。

生态习性：不耐寒，一般只能耐 8℃左右的温度，地栽一定要植于向阳避风处，抗轻微霜冻。在北方只要搁置于室内便能安全越冬。

繁殖方法：播种繁殖。

观赏特性与应用：叶片宽大，色彩绚丽迷人，是极好的观叶植物。种植在溪水旁或树荫下，让人享受回归自然、充满野趣的快乐。

美人蕉科

美人蕉 *Canna indica* L.

科　　属：美人蕉科美人蕉属。

别　　名：红艳蕉、蕉芋。

形态特征：植株全部绿色。叶片卵状长圆形。总状花序略超出于叶片之上；花红色，单生；苞片卵形，绿色，长约 1.2 cm；萼片 3 枚，披针形，长约 1 cm，绿色，有时染红；花冠管长不及 1 cm，花冠裂片披针形，绿色或红色。蒴果绿色，长卵形，有软刺，长 1.2 ~ 1.8 cm。

花 果 期：3 ~ 12 月。

产地与分布：原产于印度。我国各地常有栽培。

生态习性：喜温暖、湿润的气候，不耐霜冻，生育适宜温度为 25 ~ 30℃，喜阳光充足、土地肥沃。在原产地无休眠性，全年生长开花。适应性强，几乎不择土壤，以湿润肥沃的疏松砂壤土为好，稍耐水湿，畏强风。

繁殖方法：播种繁殖、块茎繁殖。

观赏特性与应用：花大色艳，色彩丰富，株形好，容易栽培。现已培育出许多优良品种，观赏价值很高，可盆栽，也可地栽，用于装饰花坛。

竹芋科

科　　属：竹芋科紫背竹芋属。

别　　名：孔雀肖竹芋。

形态特征：多年生常绿草本植物，观叶植物。株高 0.5 ~ 0.7 m。叶长椭圆形，叶缘稍波浪形起伏状，腹面七彩斑斓，以红色、粉红色为主，背面红色。

花 果 期：花期夏季。

产地与分布：原产于南美洲巴西热带雨林。我国有引种栽培。

生态习性：喜高温、高湿的半阴环境，不耐寒，忌烈日暴晒。生长适宜温度为 20 ~ 35℃，冬季保持 15℃以上，低于 13℃就会受冻害。

繁殖方法：分株繁殖。

观赏特性与应用：阴地植物，可室内盆栽，也可作花坛花卉。

天门冬科

龙舌兰 *Agave americana L.*

科　　属：天门冬科龙舌兰属。

别　　名：龙舌掌、番麻。

形态特征：多年生植物。叶莲座式排列，通常 30～40 片，有时 50～60 片；叶片大型，肉质，倒披针状线形，长 1～2 m，中部宽 15～20 cm，基部宽 10～12 cm，叶缘具疏刺，先端有 1 枚硬尖刺。圆锥花序大型，长 6～12 m，多分枝；花黄绿色；花被裂片长 2.5～3 cm；雄蕊长约为花被的 2 倍。蒴果长圆形，长约 5 cm。

产地与分布：原产于美洲热带地区。我国华南地区和西南地区常引种栽培，在云南已逸生多年，在红河、怒江、金砂江等干热河谷地区至昆明均能正常开花结实。

生态习性：稍耐寒，不耐阴，喜凉爽、干燥、阳光充足的环境，生长适宜温度为 15～25℃，在夜间温度 10～16℃时生长最佳，温度 5℃以上时可露地栽培。耐旱性强，对土壤要求不严，以疏松、肥沃及排水良好的湿润砂土为宜。

繁殖方法：分株繁殖、扦插繁殖、播种繁殖。

观赏特性与应用：花茎高大，花序顶生，极为漂亮，开花时最长的花序纪录达 3.9 m，蔚为壮观。极具观赏价值，是我国南方城市庭院及绿化带的常见花卉。

剑麻 *Agave sisalana* Perr. ex Engelm.

科　　属：天门冬科龙舌兰属。

别　　名：凤尾兰、菠萝花、厚叶丝兰、凤尾丝兰。

形态特征：多年生植物。茎粗短。叶莲座式排列，开花之前通常可产生叶200～250片；叶片刚直，肉质，剑形，初被白霜，后渐脱落而呈深蓝绿色，腹面凹，背面凸，叶缘无刺或偶具刺，顶端有1枚硬尖刺，刺红褐色。圆锥花序粗壮；花黄绿色，有浓烈的气味；花被裂片卵状披针形。

花　果　期：花果期5～7月。

产地与分布：原产于墨西哥。我国华南地区和西南地区有引种栽培。

生态习性：适应性较强，耐贫瘠，耐旱，怕涝，生长力强，适应性强，宜种植于疏松、排水良好、地下水位低而肥沃的砂壤土中，排水不良、经常潮湿的地方则不宜种植。耐寒性较差，易发生生理性叶斑病。

繁殖方法：播种繁殖、分株繁殖、扦插繁殖。

观赏特性与应用：具有环境适应能力强、美化绿化效果好、抗污染和净化空气的能力强、经济价值好的特点，广泛用于道路、公园、街区景点、工厂和家庭绿化等方面，是良好的庭院观赏植物，也是良好的鲜切花材料。

天门冬 *Asparagus cochinchinensis* (Lour.) Merr.

科　　属：天门冬科天门冬属。

别　　名：三百棒、武竹、丝冬、老虎尾巴根。

形态特征：攀缘植物。根在中部或近末端纺锤状膨大。茎平滑，常弯曲或扭曲，长 1 ~ 2 m，分枝具棱或狭翅；叶状枝通常每 3 枝成簇，扁平或由于中脉龙骨状而略呈锐三棱形，稍呈镰刀状。茎上的鳞片状叶基部延伸为硬刺，在分枝上的刺较短或不明显。花通常每 2 朵腋生，淡绿色；花梗关节一般位于中部，有时位置有变化。浆果直径 6 ~ 7 mm，熟时红色，有 1 粒种子。

花 果 期：花期 5 ~ 6 月，果期 8 ~ 10 月。

产地与分布：从河北、山西、陕西、甘肃等地至华东地区、中南地区、西南地区有分布。朝鲜、日本、老挝和越南也有分布。生于海拔 1750 m 以下的山坡、路旁、疏林下、山谷或荒地上。

生态习性：喜温暖，不耐寒，忌高温。喜阴，怕强光。幼苗在强光照条件下生长不良，叶色变黄甚至枯苗。块根发达，入土深达 50 cm，适宜在土层深厚、疏松、肥沃、湿润且排水良好的砂壤土（黑土）或腐殖质丰富的土中生长。

繁殖方法：播种繁殖、分株繁殖。

观赏特性与应用：盆栽适宜装饰家庭室内或厅堂，也可剪取茎叶用作插花的衬叶。常栽于千筒盆，置于高几架上，绿叶纤细柔软，垂悬而下如飞瀑，具动感。也可悬吊欣赏。

石刁柏 *Asparagus officinalis* L.

科　　属：天门冬科天门冬属。

别　　名：芦笋。

形态特征：直立草本植物。株高达 1 m。根直径 2~3 mm。茎平滑，上部后期常俯垂，分枝较柔弱；叶状枝 3~6 枝成簇，近扁的圆柱形，微有钝棱，纤细，常稍弧曲。鳞片状叶基部有刺状短距或近无距。花 1~4 朵腋生，绿黄色；花梗关节生于上部或近中部。浆果直径 7~8 mm，熟时红色，具 2~3 粒种子。

花　果　期：花期 5~6 月，果期 9~10 月。

产地与分布：我国新疆西北部（塔城）有野生，其他地区多栽培。

生态习性：既喜充足光照又耐弱光，地上部茎叶生长期间需要充足的光照。

繁殖方法：播种繁殖。

观赏特性与应用：夏季观其茎叶，如文竹一般，别具风格；秋季，绿色的小果实逐渐变红，有点像南国红豆，嵌在绿叶、黄叶间，经久不落。用于阔叶行道树立体绿化的配置。还可用作室内插花配叶。室外园林丛植、配置、草坪点缀或单独形成园林绿地、绿带等，效果都非常好。

文竹 *Asparagus setaceus* (Kunth) Jessop

科　　属：天门冬科天门冬属。

别　　名：云片松、刺天冬、云竹、山草、鸡绒芝。

形态特征：攀缘植物。株高为 3~6 m。根稍肉质。茎柔软丛生，细长，分枝极多；分枝近平滑；叶状枝通常每 10~13 枝成簇，刚毛状，略具 3 条棱。鳞片状叶基部稍具刺状距或距不明显。花通常每 1~3（4）朵腋生，白色，有短梗；花被片长约 7 mm。浆果直径 6~7 mm，熟时紫黑色，有 1~3 粒种子。

花　果　期：花期 9~10 月，果期冬季到翌年春季。

产地与分布：原产于非洲南部。我国各地常见栽培。

生态习性：喜温暖、湿润和半阴、通风的环境，不耐寒，不耐干旱，不能浇太多水，夏季忌阳光直射。

繁殖方法：播种繁殖、分株繁殖。

观赏特性与应用：观赏价值极高的小型植物，以盆栽观叶为主，体态轻盈，姿态潇洒，文雅娴静，是深受人们喜爱的观叶植物。在书房、案头、卧室、客厅置一盆，配以古铜色花架，显得文雅、别致、大方。四季常绿，经冬不凋，虽无花之艳丽，但胜花之飘逸。

蜘蛛抱蛋 *Aspidistra elatior* Bulme

科　　属：天门冬科蜘蛛抱蛋属。

别　　名：箬叶、一叶兰。

形态特征：多年生常绿宿根性草本植物。根状茎近圆柱形，具节和鳞片。叶单生；叶片矩圆状披针形、披针形至近椭圆形；叶柄粗壮。花被钟状，外面带紫色或暗紫色，内面下部淡紫色或深紫色，上部 6~8 裂；裂片近三角形，向外扩展或外弯，紫红色；花被筒长 10~12 mm。

花 果 期：花期 4~5 月。

产地与分布：原产于我国台湾以及日本、越南。在我国南部多地有逸生，常见于栽培中。

生态习性：喜温暖、湿润的半阴环境，耐阴性强，比较耐寒，不耐盐碱，不耐瘠薄、干旱，怕烈日暴晒。适宜生长在疏松、肥沃和排水良好的砂壤土上。

繁殖方法：分株繁殖。

观赏特性与应用：叶形挺拔整齐，叶色浓绿光亮，姿态优美、淡雅，同时长势强健，适应性强，极耐阴，是室内绿化装饰的优良喜阴观叶植物。适于家庭及办公室布置摆放。可单独观赏，也可以和其他观花植物配合布置，以衬托出其他植物的鲜艳和美丽。是现代插花的配叶材料。

吊兰 *Chlorophytum comosum* (Thunb.) Baker

科　　属：天门冬科吊兰属。

别　　名：垂盆草、挂兰、钓兰、兰草、折鹤兰。

形态特征：多年生常绿草本植物。根稍肥厚。根状茎短。叶丛生；叶片细长，线形，似兰花，绿色或有黄色条纹。花茎从叶丛中抽出，长成匍匐茎在顶端抽叶成簇；花白色，常 2 ～ 4 朵簇生，排成疏散总状花序或圆锥花序。蒴果三棱状扁球形。花蕊黄色，内部小嫩叶有时紫色。

花果期：花期 5 月，果期 8 月。

产地与分布：原产于非洲南部，各地广泛栽培。

生态习性：喜温暖、湿润、半阴的环境，适应性强，较耐旱，不耐寒。不择土壤，在排水良好、疏松、肥沃的砂土中生长较佳。

繁殖方法：扦插繁殖、分株繁殖、播种繁殖。

观赏特性与应用：枝条细长下垂，温度高时开小白花，花集中于垂下来的枝条末端，供盆栽观赏。

朱蕉 *Cordyline fruticosa* (Linn) A. Chevalier

科　　属：天门冬科朱蕉属。

形态特征：归入灌木。有时稍分枝。叶聚生于茎或枝的上端；叶片绿色或带紫红色；叶柄有槽，抱茎。圆锥花序侧枝基部有大苞片；花淡红色、青紫色至黄色；花梗通常很短；外轮花被片下半部紧贴内轮花被片而形成花被筒，上半部在盛开时外弯或反折。

花果期：花期 11 月至翌年 3 月。

产地与分布：分布于我国南部热带地区。广泛栽种于亚洲温暖地区。广东、广西、福建、台湾等地常见栽培。

生态习性：喜高温、多湿的气候，属半阴植物，不耐烈日暴晒，完全荫蔽处叶片易发黄。不耐寒，除广东、广西、福建等地外，只宜置于温室内盆栽观赏，不耐旱。要求富含腐殖质和排水良好的酸性土壤，忌碱性土，种于碱性土中叶片易黄，新叶失色。

繁殖方法：播种繁殖、扦插繁殖、压条繁殖。

观赏特性与应用：盆栽于室内装饰。

龙血树 *Dracaena draco* (L.) L.

科　　属：天门冬科龙血树属。

别　　名：龙树。

形态特征：归入灌木。树干短粗。茎木质，有髓和次生形成层，表面浅褐色，较粗糙，能抽出很多短小粗壮的树枝。树液深红色。叶聚生于枝的顶端；叶片蓝绿色，剑形。圆锥花序；花小，白绿色。浆果球形，橙色。

花　果　期：花期2月，果期7~8月。

产地与分布：原产于佛得角、摩洛哥、葡萄牙马德拉群岛、西班牙加那利群岛。在我国华南地区有引种栽培。

生态习性：很耐阴，喜高温、多湿、阳光充足的环境，宜室内栽培。

繁殖方法：播种繁殖、扦插繁殖。

观赏特性与应用：大型植株可置于庭院、大堂、客厅，小型植株和水养植株适宜装饰书房、卧室等。

香龙血树 *Dracaena fragrans* (L.) Ker Gawl.

科　　属:天门冬科龙血树属。

别　　名:龙血树、中斑龙血树。

形态特征:乔木状。在原产地可高达 6 m 以上。茎粗大,多分枝。树皮灰褐色或淡褐色,皮状剥落。盆栽高 50 ~ 100 cm。树干直立,有时分枝。叶簇生于茎顶,弯曲呈弓形;叶片宽大,鲜绿色,有光泽。穗状花序;花小,不明显,芳香。

花 果 期:花期 3 ~ 5 月,果期 6 ~ 8 月。

产地与分布:原产于美洲的加那利群岛和非洲几内亚等地。我国已广泛引种栽培。

生态习性:喜高温、高湿及通风良好的环境,较喜光,亦耐阴,但怕烈日,忌干燥、干旱,喜疏松、排水良好的砂土。

繁殖方法:扦插繁殖。

观赏特性与应用:可将几株高低不一的植株组栽成大型盆栽,用于布置会场、客厅和大堂,显得端庄素雅,充满自然情趣。小型盆栽和水养植株可点缀居室的窗台、书房和卧室,更显清丽、高雅。

缝线麻 *Furcraea foetida* (L.) Haw.

科　　属：天门冬科巨麻属。

别　　名：巨麻、万年麻、毛里求斯麻、万年兰。

形态特征：多年生草本植物。株高可达 1 m。茎不明显。叶放射状生长；叶片剑形，长 1 ~ 1.8 m，宽 10 ~ 15 cm，先端尖；新叶近金黄色，具绿色纵纹；老叶绿色，具金黄色纵纹。伞形花序高 5 ~ 7 m；小花黄绿色；花梗上会出现大量幼株。

花 果 期：花期初夏。

产地与分布：分布于美洲。

生态习性：喜高温、干燥的环境，极耐热，不耐寒，忌积水，喜疏松、排水良好的砂土，生长适宜温度为 20 ~ 30℃。

繁殖方法：分株繁殖、芽体栽植。

观赏特性与应用：叶色美丽，黄绿相间，观赏性极佳。盆栽可用于客厅、卧室及餐厅等处的装饰，也适合植于庭院、公园、景区的路边、墙垣边供观赏或群植造景。叶可作切花花材。

玉簪 *Hosta plantaginea* (Lam.) Aschers.

科　　属：天门冬科玉簪属。

别　　名：白鹤仙。

形态特征：根状茎粗厚。叶片卵状心形、卵形或卵圆形，先端近渐尖，基部心形。花葶高40～80 cm，具几朵至十几朵花；花单生或2～3朵簇生，白色，芳香；外苞片卵形或披针形，内苞片很小。蒴果圆柱状，有3条棱。

花果期：8～10月。

产地与分布：原产于我国及日本，分布于我国四川、湖北、湖南、江苏、安徽、浙江、福建及广东等地。欧美各国多有栽培。生于海拔2200 m以下的林下、草坡或岩石边。

生态习性：典型的阴生植物，性强健，耐寒冷，喜阴湿，耐旱，不耐强烈日光照射，喜肥沃、湿润的砂壤土。

繁殖方法：播种繁殖、根状茎繁殖。

观赏特性与应用：可用于树下作地被植物，或植于岩石园或建筑物北侧，也可在林缘、石头旁、水边种植，具有较高的观赏价值，常用于湿地及水岸边绿化。

沿阶草 *Ophiopogon bodinieri* Levl.

科　　属：天门冬科沿阶草属。

别　　名：绣墩草、铺散沿阶草、矮小沿阶草。

形态特征：根纤细，近末端具纺锤形小块根。地下茎长，节上具膜质的鞘；茎短。叶基生成丛；叶片禾叶状，边缘具细齿。花葶较叶稍短或几乎与叶等长；总状花序；花常单生或 2 朵生于苞片腋内；苞片线形或披针形，稍黄色，半透明。种子近球形或椭圆形，直径 5～6 mm。

花 果 期：花期 6～8 月，果期 8～10 月。

产地与分布：分布于我国华东地区。生于海拔 800～3200 m 的山坡密林中、山谷潮湿处、溪边或路旁。

生态习性：既能在强阳光照射下生长，又能忍受荫蔽的环境，属耐阴植物。能耐受最高温度为 46℃；能耐受 –20℃ 的低温而安全越冬，耐湿性及耐旱性均极强。

繁殖方法：播种繁殖、分株繁殖。

观赏特性与应用：长势强健，耐阴性强，植株低矮，根系发达，覆盖较快，是良好的地被植物，可成片栽于风景区的阴湿空地和水边湖畔。叶色终年常绿，花葶直挺，花色淡雅，能作盆栽观叶植物。

麦冬 *Ophiopogon japonicus* (L. f.) Ker-Gawl.

科　　属：天门冬科沿阶草属。

别　　名：金边阔叶麦冬、沿阶草、麦门冬、矮麦冬、狭叶麦冬、小麦冬、书带草、养神草。

形态特征：根较粗，中间或近末端常膨大成椭圆形或纺锤形的小块根；小块根淡褐黄色。地下走茎细长；茎很短。叶基生成丛；叶片禾叶状，边缘具细齿。花单生或成对着生于苞片腋内；花被片常稍下垂而不展开，披针形，白色或淡紫色；花药三角状披针形。种子球形。

花 果 期：花期 5 ~ 8 月，果期 8 ~ 9 月。

产地与分布：产于广东、广西、福建、台湾、浙江、江苏、江西、湖南、湖北、四川、云南、贵州、安徽、河南、陕西南部和河北南部。也分布于日本、越南、印度。生于海拔 2000 m 以下的山坡阴湿处、林下或溪旁。

生态习性：喜温暖、湿润的环境，宜于土质疏松、肥沃、湿润、排水良好的微碱性砂壤土中种植。生长过程中需水量大，要求光照充足，尤其是块根膨大期，光照充足才能促进块根膨大。

繁殖方法：分株繁殖。

观赏特性与应用：有常绿、耐阴、耐寒、耐旱、抗病虫害等多种优良性状，在园林绿化方面应用前景广阔。银边麦冬、金边阔叶麦冬、黑麦冬等具极佳的观赏价值，既可用来进行室外绿化，又是不可多得的室内盆栽观赏佳品。

玉竹 *Polygonatum odoratum* (Mill.) Druce

科　　属：天门冬科黄精属。

别　　名：铃铛菜、尾参、地管子。

形态特征：根状茎圆柱形。叶互生；叶片椭圆形至卵状矩圆形，先端尖，背面带灰白色，腹面脉上平滑至呈乳头状粗糙。花序具花 1 ~ 4 朵；无苞片或有条状披针形苞片；花被片黄绿色至白色，花被筒较直。浆果蓝黑色。

花 果 期：花期 5 ~ 6 月，果期 7 ~ 9 月。

产地与分布：产于黑龙江、吉林、辽宁、河北、山西、内蒙古、甘肃、青海、山东、河南、湖北、湖南、安徽、江西、江苏、台湾，在欧亚大陆温带地区广泛分布。生于海拔 500 ~ 3000 m 的林下或山野阴坡。

生态习性：耐寒，耐阴湿，忌强光直射与多风，生于凉爽、湿润、无积水的山野疏林或灌丛中，对环境适应性较强，对土壤要求不严，适宜生长在湿润、土层深厚、土壤疏松的地方。

繁殖方法：地下茎繁殖。

观赏特性与应用：园林中宜植于林下或建筑物遮阴处及林缘作观赏地被，也可盆栽观赏。

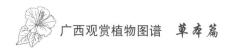

虎尾兰 *Sansevieria trifasciata* Prain

科　　属：天门冬科虎尾兰属。

别　　名：虎皮兰、千岁兰、虎尾掌、锦兰。

形态特征：根状茎横走。叶基生，常 1 ~ 2 片，也有 3 ~ 6 片成簇的；叶片直立，硬革质，扁平，长条状披针形，两面具白绿色和绿色相间的横带斑纹，向下部渐狭成长短不等、有槽的柄。花葶高 30 ~ 80 cm，基部有淡褐色膜质鞘；花淡绿色或白色，3 ~ 8 朵簇生，排成总状花序。浆果直径 7 ~ 8 mm。常见的栽培种有金边虎尾兰 *S. trifasciata* Prain var. *laurentii* 和柱叶虎尾兰 *S. canaliculata*，前者叶有金黄色边缘，后者叶圆柱形并有纵槽，易于识别。

花 果 期：花期 11 ~ 12 月。

产地与分布：原产于非洲西部。我国各地有栽培。

生态习性：适应性强，喜温暖、湿润的环境，耐干旱，喜光又耐阴。对土壤要求不严，以排水性较好的砂壤土为宜。生长适宜温度为 20 ~ 30℃，越冬温度为 10℃。

繁殖方法：分株繁殖、扦插繁殖。

观赏特性与应用：常见的室内盆栽观叶植物。适合装饰书房、客厅、办公场所，可供较长时间欣赏。

细叶丝兰 *Yucca flaccida* **Haw.**

科　　属：天门冬科丝兰属。

别　　名：软叶丝兰、毛边丝兰、洋波萝。

形态特征：草木植物。茎短或不明显。叶近莲座状簇生；叶片坚硬，近剑形或长条状披针形，长25～60 cm，宽2.5～3 cm，先端具1枚硬刺，边缘有许多稍弯曲的丝状纤维。花葶高大而粗壮；花近白色，下垂，排成狭长的圆锥花序；花序轴有乳突状毛；花被片长3～4 cm；花丝有疏柔毛；花柱长5～6 mm。

花　果　期：秋季开花。

产地与分布：原产于北美洲东南部，我国偶见栽培。

生态习性：在我国大部分地区均可露地越冬，性强健，容易成活，对土壤要求不严。极耐寒，喜阳光充足及通风良好的环境。

繁殖方法：分株繁殖、扦插繁殖。

观赏特性与应用：花叶俱美的观赏植物。常年浓绿，树态奇特，数株成丛，高低不一，叶形如剑，开花时花茎高耸挺立，花色洁白，繁多的白花下垂如铃，姿态优美，花期持久，幽香宜人，是良好的庭院观赏植物，也是良好的鲜切花材料。常植于花坛中央、建筑前、草坪中、池畔、台坡、路旁及绿篱等处。

阿福花科

芦荟 *Aloe vera* (L.) Burm. f.

科　　属：阿福花科芦荟属。

别　　名：讷会、象胆、劳伟。

形态特征：多年生草本植物。茎较短。叶近簇生或稍 2 列；叶片肉质，粉绿色，条状披针形，先端渐尖，基部宽阔，边缘疏生刺状小齿。花葶高 60～90 cm；总状花序；苞片近披针形；花淡黄色；花柱明显伸出花被外。蒴果。

花 果 期：7～9 月。

产地与分布：原产于非洲热带干旱地区，分布几乎遍及世界各地，在印度和马来西亚一带、非洲热带地区有野生分布。在我国福建、台湾、广东、广西、四川、云南等地有栽培，也有野生品种。

生态习性：喜光，耐半阴，忌阳光直射和过度荫蔽，生长适宜环境温度为 20～30℃，夜间最佳温度为 14～17℃，有较强的抗旱性，离土的植株能干放数月不死。适栽于透水透气性能好、有机质含量高、pH 值为 6.5～7.2 的土壤中。

繁殖方法：分株繁殖、扦插繁殖。

观赏特性与应用：叶大美观，花整齐有序，可植于砂壤土的路边、山石边或墙边供观赏，也用于与其他多肉植物配植。

花叶长果山菅 *Dianella tasmanica* 'Variegata'

科　　属：阿福花科山菅兰属。

别　　名：银边山菅兰。

形态特征：多年生草本植物。株高 50 ~ 70 cm。茎横走，结节状，节上有细而硬的细根。叶近基生，2 列；叶片狭条状披针形，革质，长 30 ~ 60 cm。花葶从叶丛中抽出；圆锥花序长 10 ~ 30 cm；花多朵，夏季开放，淡紫色。浆果紫蓝色。

花 果 期：花期 3 月上旬至 11 月，8 月为盛花期。

产地与分布：产于广东、广西、云南、贵州、江西、福建、台湾、浙江等地。生于海拔 1700 m 以下的林下、山坡或草丛中。也分布于亚洲热带地区至非洲的马达加斯加岛。

生态习性：适应性强，栽培管理简单，分蘖性强。

繁殖方法：播种繁殖、分株繁殖。

观赏特性与应用：株形优美，叶色秀丽，叶边缘具银白色条纹，清逸美观，深受园艺工作者的喜爱。在园林中常作地被植物供观赏，常用于林下、园路边、山石旁，在室内亦可盆栽观赏。

萱草 *Hemerocallis fulva* (L.) L.

科　　属：阿福花科萱草属。

别　　名：忘忧草、金针、折叶萱草、黄花菜。

形态特征：根近肉质，中下部纺锤状膨大。叶一般较宽。花早上开放，晚上凋谢，无香味，橘红色至橘黄色；内花被裂片下部一般有"∧"形彩色斑。这些特征可以区别于其他种类。

花　果　期：5～7月。

生态习性：性强健，耐寒，在华北地区可露地越冬。适应性强，喜湿润也耐旱，喜阳光也耐半阴。对土壤要求不严，但以富含腐殖质、排水良好的湿润土壤为宜。

繁殖方法：分株繁殖、播种繁殖。

观赏特性与应用：园林中多丛植或于花境、路旁栽植。花色艳丽、花期较长，有较强的抗寒性和抗旱性，在北方城市绿化中应用较多。

百合科

百合 *Lilium brownii* var. *viridulum* Baker

科　　属：百合科百合属。

别　　名：山百合、香水百合、天香百合。

形态特征：多年生草本植物。鳞茎卵圆形或近球形；茎直立，圆柱形，通常不分枝。叶互生或轮生；叶片披针形、椭圆形或条形。花大，常具鲜艳色彩，单生或数朵组成总状花序。蒴果长圆形，具 3 条钝棱，室背开裂。种子多数，扁平，周边具翅。

花　果　期：花期初夏至初秋。

产地与分布：原产于北半球温带地区，主要分布在亚洲东部、欧洲、北美洲等。产于河北、山西、河南、陕西、湖北、湖南、江西、安徽和浙江。全球已发现 110 多个品种，其中 55 种产于我国。近年更有不少经过人工杂交而产生的新品种。生于海拔 300 ~ 920 m 的山坡草丛中、疏林下、山沟旁、地边或村旁，也有栽培品种。

生态习性：喜温暖、湿润和阳光充足的环境，较耐寒，怕高温和湿度大，喜柔和的光照，耐强光照和半阴，光照不足会引起花蕾脱落，开花数减少。适宜生于肥沃、疏松、排水良好的土壤中，对腐殖质要求不太高，pH 为中性或偏酸性，忌水淹。

繁殖方法：分球繁殖最为常见，也可采用分珠芽繁殖、鳞片扦插繁殖、播种繁殖和组织培养。

观赏特性与应用：花姿雅致，叶片青翠娟秀，茎干亭亭玉立，是名贵的切花新秀。在园林中宜偏植于疏林、草地或布置花境，也是名贵盆花。

石蒜科

百子莲 *Agapanthus africanus* Hoffmgg.

科　　属：石蒜科百子莲属。

别　　名：紫君子兰、蓝花君子兰、非洲百合。

形态特征：多年生草本植物。具短缩的根状茎。叶2列，基生，从根状茎上抽生而出；叶片线状披针形或带形，近革质，光滑。花葶粗壮，直立，从叶丛中抽出；花10～50朵排成顶生伞形花序；花被合生，漏斗状，鲜蓝色；花被裂片长圆形，与筒部等长或比筒部稍长。蒴果。

花 果 期：花期7～8月，果期8～10月。

产地与分布：原产于非洲南部。我国各地多有栽培。

生态习性：喜温暖、湿润和阳光充足的环境，要求夏季凉爽、冬季温暖。如冬季土壤湿度大，温度超过25℃，则茎叶生长旺盛，妨碍休眠，直接影响翌年正常开花。光照对生长与开花有一定的影响。要求疏松、肥沃的砂壤土，pH值为5.5～6.5。

繁殖方法：分株繁殖、播种繁殖。

观赏特性与应用：可作切花，也可作插花、瓶花用材。花形秀丽，适于盆栽作室内观赏，在南方于半阴处栽培，作岩石园和花境的点缀植物。北方需温室越冬，温暖地区可庭院种植。

文殊兰 *Crinum asiaticum* var. *sinicum* (Roxb. ex Herb.) Baker

科　　属：石蒜科文殊兰属。

别　　名：十八学士、文珠兰、罗裙带。

形态特征：多年生粗壮草本植物。鳞茎长柱形。叶 20～30 片，多列；叶片带状披针形，长可达 1 m，暗绿色。花茎直立，几乎与叶等长；伞形花序有花 10～24 朵；佛焰苞状总苞片披针形，膜质；花高脚碟状；花被裂片线形，芳香，向顶端渐狭，白色。蒴果近球形。通常种子 1 粒。

花　果　期：花期 6～8 月，傍晚时散发芳香。

产地与分布：原产于印度尼西亚、苏门答腊等，广泛分布于温带、亚热带地区。分布于福建、台湾、广东、广西等地。常生于海滨地区或河旁砂地。

生态习性：喜温暖、湿润、光照充足的环境，不耐寒，耐盐碱，喜肥沃的砂壤土，在幼苗期忌强直射光照，生长适宜温度为 15～20℃，冬季为鳞茎休眠期，适宜贮藏温度为 8℃左右。

繁殖方法：分株繁殖、播种繁殖。

观赏特性与应用：花叶俱美，具有较高的观赏价值，既可作园林景区、校园、机关的绿地及住宅小区草坪的点缀品，又可作庭院装饰花卉，还可作房舍周边的绿篱。盆栽可置于庄重的会议厅、富丽的宾馆、宴会厅门口等，雅丽大方，满堂生香，赏心悦目。

朱顶红 *Hippeastrum rutilum* (Ker-Gawl.) Herb.

科　　属：石蒜科朱顶红属。

别　　名：柱顶红、朱顶兰、孤挺花、百子莲、百枝莲、对红、对对红。

形态特征：多年生草本植物。鳞茎近球形，并有匍匐枝。叶6~8片，花后抽出；叶片鲜绿色，带形。花茎中空，稍扁，具白粉；花2~4朵；佛焰苞状总苞片披针形，洋红色，略带绿色，喉部有小鳞片。

花果期：花期夏季。

产地与分布：原产于秘鲁和巴西一带。我国各地庭院有栽培。

生态习性：喜温暖、湿润的气候，不喜酷热，阳光不宜过于强烈，应置于大棚下养护，怕水涝。喜富含腐殖质、排水良好的砂壤土，pH值为5.5~6.5，切忌积水。

繁殖方法：播种繁殖、分球繁殖、扦插繁殖。

观赏特性与应用：适于盆栽装点居室、客厅、过道和走廊，也可栽培于庭院，或配植花坛。花形优美，色泽艳丽，是理想的盆栽及切花材料，特别适宜在室内或大型场所陈列展示，具有非常华美的效果。

蜘蛛兰 *Hymenocallis speciosa* (Salisb.) Salisb.

科　　属：石蒜科水鬼蕉属。

别　　名：花蜘蛛兰、带叶兰。

形态特征：多年生草本植物。鳞茎球形，外被褐色薄片。叶无柄，向四面生长且略弯曲；叶片 10～12 片，剑形，深绿色，多脉。花白色星形；每朵花有 6 枚细长的花被，花被基部有白色蹼状物连结。

花 果 期：花期 5～8 月。

产地与分布：原产于印度西部。我国福建、广东、广西、云南等地有引种栽培。

生态习性：中性植物，在 50％以上的光照至全日照条件下均能生长。生育适宜温度为 22～30℃。性强健，耐旱、耐湿、耐阴、耐高温。休眠期不明显，叶色四季青翠。日照充足处较容易开花。

繁殖方法：以分株繁殖为主，也可播种繁殖。

观赏特性与应用：园林中作花境条植、草地丛植。叶形美丽，花形别致，温室盆栽可于室内、门厅、道旁、走廊摆放。

忽地笑 *Lycoris aurea* (L' Her.) Herb.

科　　属：石蒜科石蒜属。

别　　名：铁色箭、大一支箭、黄花石蒜。

形态特征：鳞茎卵形。叶片剑形。总苞片 2 枚，披针形，顶端渐尖，中间淡色带明显；伞形花序有花 4～8 朵；花黄色；花被裂片外面具淡绿色中肋，倒披针形，边缘反卷和皱缩；花被筒长 12～15 cm。蒴果具 3 条棱，室背开裂。种子少数，近球形，黑色。

花 果 期：花期 8～9 月，果期 10 月。

产地与分布：分布于福建、台湾、湖北、湖南、广东、广西、四川、云南。生于阴湿的山坡，庭院可栽培。

生态习性：喜阳光、潮湿的环境，如阴湿的山坡、岩石及石崖下，也耐半阴和干旱的环境，稍耐寒，对土壤要求不严。

繁殖方法：分球繁殖、鳞块基底切割繁殖、组织培养。

观赏特性与应用：在园林中可作林下地被花卉，花境丛植或山石间自然式栽植。开花时光叶，宜与其他较耐阳的草本植物搭配。有花葶健壮、花茎长等特点，是理想的切花材料。

网球花 *Scadoxus multiflorus* Raf.

科　　属：石蒜科网球花属。

别　　名：网球石蒜。

形态特征：多年生草本植物。鳞茎球形。叶3~4片，长圆形；叶柄短，鞘状。花茎直立，实心，稍扁平，先于叶抽出，淡绿色或有红斑；伞形花序具多花，排列稠密；花红色；花被管圆筒状，花被裂片线形，长约为花被管的2倍。

花　果　期：花期4~7月。

产地与分布：原产于非洲热带地区。我国云南有野生分布。

生态习性：喜温暖、湿润及半阴的环境，较耐旱，不耐寒，冬季温度不低于5℃，土壤以疏松的砂壤土为好。

繁殖方法：分球繁殖、播种繁殖。

观赏特性与应用：花色艳丽，有血红色、白色和鲜红色等。花朵密集，四射如球，是常见的室内盆栽观赏花卉。南方室外丛植成片布置，花期景观别具一格。适合盆栽观赏、庭院点缀美化，亦可作切花。可药用。

葱莲 *Zephyranthes candida* (Lindl.) Herd.

科　　属：石蒜科葱莲属。

别　　名：葱兰、玉帘、白花菖蒲莲、韭菜莲、肝风草、草兰。

形态特征：多年生草本植物。鳞茎卵形，具明显的颈部。叶片狭线形，肥厚，亮绿色。花茎中空；花单生于花茎顶端，白色，外面常带淡红色，下有带褐红色的佛焰苞状总苞片；总苞片顶端2裂。蒴果近球形。种子黑色，扁平。

花果期：9～10月。

产地与分布：原产于南美洲，分布于温暖地区。我国华中地区、华东地区、华南地区、西南地区等有引种栽培。

生态习性：喜阳光充足的环境，耐半阴与低湿，喜肥沃、带有黏性而排水良好的土壤。较耐寒，在长江流域可保持常绿，0℃以下亦可存活较长时间。

繁殖方法：分株繁殖、播种繁殖。

观赏特性与应用：适于林下、林缘或半阴处作园林地被植物，也可作花坛、花境的镶边材料，在草坪中成丛散植，可组成缀花草坪，也可盆栽供室内观赏。

韭莲 *Zephyranthes carinata* **Herbert**

科　　属：石蒜科葱莲属。

别　　名：红花葱兰、肝风草、韭菜莲、韭菜兰、风雨花。

形态特征：多年生草本植物。鳞茎卵球形。基生叶常数片簇生；叶片线形，扁平。花单生于花茎顶端，玫瑰红色或粉红色，下有佛焰苞状总苞片；总苞片常带淡紫红色，下部合生成管。蒴果近球形。种子黑色。

花　果　期：花期 5 ~ 11 月。

产地与分布：原产于中美洲、南美洲，移植于热带、亚热带地区。贵州、广西、云南常见。

生态习性：喜温暖、湿润、阳光充足的环境，耐半阴，耐干旱，耐高温，适宜生于排水良好、富含腐殖质的砂壤土中。

繁殖方法：分株繁殖、播种繁殖。

观赏特性与应用：园林中适宜在花坛、花境和草地边缘点缀，或被地片栽，都很美观。盆栽作室内装饰，花、叶均有观赏价值。适于林下、林缘或半阴处作园林地被植物。

鸢尾科

射干 *Belamcanda chinensis* (L.) Redouté

科　　属：鸢尾科射干属。

别　　名：野萱花、交剪草、乌扇、乌蒲、黄远、乌萐、夜干、乌翣、乌吹、草姜、鬼扇、凤翼。

形态特征：多年生草本植物。根状茎为不规则块状，斜伸，黄色或黄褐色；茎高 1~1.5 m，实心。叶互生，嵌叠状排列；叶片剑形，基部鞘状抱茎，先端渐尖，无中脉。花序顶生，叉状分枝，每分枝的顶端聚生数朵花；花梗及花序的分枝处均包有膜质苞片；苞片披针形或卵圆形；花橙红色，散生紫褐色斑点；花被裂片 6 枚，2 轮排列，外轮花被裂片倒卵形或长椭圆形，顶端钝圆或微凹，基部楔形，内轮花被裂片较外轮略短而狭。蒴果倒卵形或长椭圆形，顶端无喙，常残存凋萎的花被。种子圆球形，黑紫色，有光泽。

花 果 期：花期 6~8 月，果期 7~9 月。

产地与分布：分布于全世界的热带、亚热带及温带地区。生于林缘或山坡草地，大部分生于海拔较低的地方，但在西南山区海拔 2000~2200 m 处也可生长。

生态习性：喜温暖和阳光，耐干旱和寒冷，对土壤要求不严，山坡旱地也能栽培，以肥沃、疏松、地势较高、排水良好的砂壤土为好，适宜在中性壤土或微碱性土中生长，忌低洼地和盐碱地。

繁殖方法：多用根状茎繁殖。

观赏特性与应用：用作园林绿化，也适用于作花境。

唐菖蒲 *Gladiolus gandavensis* Van Houtte

科　　属：鸢尾科唐菖蒲属。

别　　名：菖兰、剑兰。

形态特征：多年生草本植物。球茎扁圆球形，外包棕色或黄棕色的膜质包被。叶基生；叶片剑形，基部鞘状，顶端渐尖，嵌迭状排成2列，灰绿色，有数条纵脉及1条明显而突出的中脉。顶生穗状花序；花茎直立，高出叶上，下部有数片互生的叶，无花梗；花在苞内单生，两侧对称；花冠筒呈膨大的漏斗形，花色有红色、黄色、紫色、白色、蓝色等单色或复色。蒴果椭圆形，熟时室背开裂。种子扁而有翅。

花　果　期：花期7～9月，果期8～10月。

产地与分布：杂交种，全国各地广泛栽培，贵州及云南一些地方常逸为半野生。

生态习性：喜温暖，但温度过高对生长不利，不耐寒，生长适宜温度为20～25℃，球茎在5℃以上的土温中即能萌芽。典型的长日照植物，栽培土壤以肥沃的砂壤土为宜，pH值不超过7；特别喜肥，磷肥能提高花的质量，钾肥对提高球茎的品质和子球的数目有积极作用。

繁殖方法：分球繁殖、切球繁殖、组织培养。

观赏特性与应用：重要的鲜切花，可作花篮、花束、瓶插等。可布置花境及专类花坛。矮生品种可盆栽观赏。与切花月季、康乃馨和扶郎花被誉为"世界四大切花"。

鸢尾 *Iris tectorum* Maxim.

科　　属：鸢尾科鸢尾属。

别　　名：老鸹蒜、蛤蟆七、扁竹花、紫蝴蝶、蓝蝴蝶、屋顶鸢尾。

形态特征：多年生草本植物。植株基部围有老叶残留的膜质叶鞘及纤维。根状茎粗壮，二歧分枝。叶基生；叶片黄绿色，稍弯曲，中部略宽，宽剑形，先端渐尖或短渐尖，基部鞘状，有数条不明显的纵脉。花茎光滑，顶部常有 1～2 个短侧枝，中下部有 1～2 片茎生叶；苞片 2～3 枚，绿色，草质，边缘膜质，色淡，披针形或长卵圆形，顶端渐尖或长渐尖，内包含 1～2 朵花；花蓝紫色，花梗甚短；花盛开时向外平展，爪部突然变细。蒴果长椭圆形或倒卵形，熟时自上而下 3 瓣裂。种子黑褐色，梨形，无附属物。

花 果 期：花期 4～5 月，果期 6～8 月。

产地与分布：原产于我国中部地区以及日本，主要分布在我国中南部地区。生于向阳坡地、林缘及水边湿地。

生态习性：耐寒，喜水湿，耐半阴。

繁殖方法：播种繁殖、分株繁殖。

观赏特性与应用：叶片碧绿青翠，花形大而奇特，宛若翩翩彩蝶，是庭院中的重要花卉之一，也是优美的盆花、切花和花坛用花。花色丰富，是花坛及庭院绿化的良好材料，也可作地被植物，有些种类为优良的鲜切花材料。

兰 科

卡特兰 *Cattleya hybrida*

科　　属：兰科卡特兰属。

别　　名：阿开木、嘉德利亚兰、加多利亚兰。

形态特征：假鳞茎棍棒状或圆柱状，顶部生有 1～3 片叶。叶片厚而硬，中脉下凹。花单朵或数朵着生于假鳞茎顶端，大而美丽，色泽鲜艳丰富，颜色有白色、黄色、绿色、红紫色等。

花 果 期：花果期 1～3 月。

产地与分布：原产于美洲热带地区，为巴西、哥伦比亚等国的国花。

生态习性：喜温暖、潮湿和充足的光照。通常用蕨根、苔藓、树皮块等盆栽。生长期需要较高的空气湿度、适当施肥和通风。要求半阴的环境，春、夏、秋三季应遮去 50%～60% 的光线。

繁殖方法：分株繁殖、组织培养、无菌播种繁殖。

观赏特性与应用：常出现在宴会上，用于插花观赏，也可作鲜切花。

建兰 *Cymbidium ensifolium* (L.) Sw.

科　　属：兰科兰属。

别　　名：四季兰、雄兰、骏河兰、剑蕙。

形态特征：地生草本植物。假鳞茎卵球形，包藏于叶基内。叶片带形，有光泽。花葶从假鳞茎基部发出，直立，一般短于叶；总状花序；花芳香，浅黄绿色，具紫斑；花瓣略短于萼片，近平展；唇瓣近卵形。蒴果狭椭圆形。

花 果 期：花期6～10月。

产地与分布：产于安徽、浙江、江西、福建、台湾、湖南、广东、海南、广西、四川西南部、贵州和云南。广泛分布于东南亚和南亚各国，北至日本也有分布。生于海拔600～1800 m的疏林下、灌丛中、山谷旁或草丛中。

生态习性：喜温暖、湿润和半阴的环境，耐寒性差，越冬温度不低于3℃，怕强光直射，不耐水涝和干旱，喜疏松、肥沃和排水良好的腐叶土。

繁殖方法：分株繁殖。

观赏特性与应用：适宜用五筒以上的兰盆栽植，每盆苗数稍多，置于林间、庭院或厅堂，花繁叶茂，气魄很大，也可用较大的高腰签筒盆栽数苗，长时苍绿峭拔，很有神采。盛夏花开，凉风吹送兰香，使人倍感清幽。栽培历史悠久，品种繁多，在我国南方栽培十分普遍，是阳台、客厅、花架和小庭院台阶的陈设佳品，清新高雅。

蕙兰 *Cymbidium faberi* **Rolfe**

科　　属：兰科兰属。

别　　名：中国兰、九子兰、夏兰、九华兰、九节兰、一茎九花。

形态特征：地生草本植物。假鳞茎不明显。叶片带形，直立性强，叶脉透亮，边缘常有粗齿。花葶从叶丛基部最外面叶腋抽出；总状花序通常具 6 ~ 12 朵花；花苞片线状披针形；花常浅黄绿色，芳香；唇瓣有紫红色斑。蒴果近狭椭圆形。

花 果 期：花期 3 ~ 5 月。

产地与分布：产于陕西南部、甘肃南部、安徽、浙江、江西、福建、台湾、河南南部、湖北、湖南、广东、广西、四川、贵州、云南和西藏东部。尼泊尔、印度北部有分布。生于海拔 700 ~ 3000 m 的湿润但排水良好的透光处。

生态习性：要求空气湿度为 60% ~ 75%，除冬季休眠期空气湿度不低于 50% 外，生长期湿度保持在 70% ~ 80%。耐干旱，夏季阳光最强烈时需遮阴 60% 左右，其他季节可不遮阴，喜光照畏阴暗，喜通风畏闭塞，喜疏松畏板结，喜丛生畏分单，喜薄肥畏浓热。

繁殖方法：分株繁殖。

观赏特性与应用：植株挺拔，花茎直立或下垂，花大色艳，主要用作盆栽观赏。适于室内花架、阳台、窗台摆放，更显典雅豪华，有较高的品位和韵味。多株组合成大型盆栽，适于宾馆、商厦、车站和空港厅堂布置，气派非凡，惹人注目。

春兰 *Cymbidium goeringii* **(Rchb. f) Rchb. F.**

科　　属：兰科兰属。

别　　名：朵朵香、双飞燕、草兰、草素、山花、兰花。

形态特征：地生草本植物。假鳞茎较小，卵球形，包藏于叶鞘内。叶片带形，边缘无齿或具细齿，4～7片。花葶发自假鳞茎基部，直立；花单朵或2朵，绿色或浅黄色，具紫红色纵条纹，亦有其他颜色，幽香。蒴果狭椭圆形。

花 果 期：花期1～3月。

产地与分布：分布于陕西南部、甘肃南部、江苏、安徽、浙江、江西、福建、台湾、河南南部、湖北、湖南、广东、广西、四川、贵州、云南等地。日本与朝鲜半岛南端也有分布。生于海拔300～2200 m的多石山坡、林缘、林中透光处。

生态习性：喜温暖、湿润的半阴环境，稍耐寒，忌高温、干燥、强光直射。宜用富含腐殖质、疏松、肥沃、透气、保水、排水良好的湿润土壤栽培，pH以5.5～6.5为好。

繁殖方法：分株繁殖、播种繁殖、组织培养。

观赏特性与应用：在我国有悠久的栽培历史，多盆栽用于室内观赏，开花时有特别幽雅的香气，为室内布置的佳品。

墨兰 *Cymbidium sinense* (Jackson ex Andr.) Willd.

科　　属：兰科兰属。

别　　名：报岁兰。

形态特征：地生草本植物。假鳞茎卵球形，包藏于叶基内。叶片带形，近薄革质，暗绿色，表面光滑。花葶从假鳞茎基部发出，直立，通常长于叶片；总状花序通常具花 10 ~ 20 朵；花常暗紫色或紫褐色，具浅色唇瓣，也有黄绿色、桃红色或白色，一般有较浓的香气。

花 果 期：花期 10 月至翌年 3 月。

产地与分布：分布于我国、印度、缅甸、越南、泰国、日本等。生于海拔 250 ~ 900 m 的林下、灌丛中、溪谷旁湿润但排水良好的荫蔽处。

生态习性：喜阴，喜温暖，喜湿，忌强光，忌严寒，忌干燥，喜腐殖质含量丰富、疏松而无黏着性、常呈微酸性的土壤。

繁殖方法：分株繁殖、组织培养。

观赏特性与应用：用于装点室内环境和作馈赠亲朋的礼仪盆花。

兜兰 *(Cypripedium corrugatum* Franch) *Paphiopedilum* spp.

科　　属：兰科兜兰属。

别　　名：拖鞋兰、绉枸兰。

形态特征：地生或半附生草本植物。有时具横走的根状茎；茎甚短，包藏于叶基之内。基生叶片带形或长圆状披针形，绿色或有红褐色斑纹。唇瓣口袋形；背萼极发达，有各种艳丽的花纹；2枚侧萼合生在一起；花瓣较厚。

花 果 期：花期长。

产地与分布：主要分布于亚洲热带地区。在我国主要分布于西南地区和华南地区。

生态习性：喜温暖、湿润和半阴的环境，怕强光暴晒。

繁殖方法：播种繁殖、分株繁殖。

观赏特性与应用：适宜盆栽观赏，是高档的室内盆栽观花植物。

石斛 *Dendrobium nobile* Lindl.

科　　属：兰科石斛属。

别　　名：林兰、禁生、杜兰、金钗花、千年润、黄草、吊兰。

形态特征：附生草本植物。茎通常丛生，直立或下垂，圆柱形或扁二棱柱形，常不分枝。叶互生；叶片扁平，基部具关节和通常抱茎的鞘；叶片从 1 片至多片皆有。总状花序具少数至多数花，少有减退为单花；花从小至大开放；花亮丽；花瓣通常较窄，唇瓣完整或 3 裂，与蕊柱基部相连。本属广西记载的有 33 种。

花　果　期：花期 1～7 月。

产地与分布：主要分布于亚洲热带和亚热带地区至大洋洲。我国产于秦岭以南各地。

生态习性：宜在温暖、潮湿、半阴半阳的环境中生长，尤其适合亚热带丛林，以年降水量 1000 mm 以上、空气湿度大于 80%、1 月平均温度高于 8℃ 为最佳生态环境。栽培土壤宜用排水好、透气的碎蕨根、水苔、木炭屑、碎瓦片、珍珠岩等，以碎蕨根和水苔为主。

繁殖方法：分株繁殖、扦插繁殖、无菌播种繁殖。

观赏特性与应用：茎粗而花大的品种均可作观赏花卉。

蝴蝶兰 *Phalaenopsis aphrodite* H. G. Reichenbach

科　　属：兰科蝴蝶兰属。

别　　名：蝶兰、台湾蝴蝶兰。

形态特征：附生草本植物。根肉质，发达，从茎基部或下部的节上发出，长而扁。茎很短，常被叶鞘所包。叶片稍肉质，腹面绿色。花序侧生于茎基部，不分枝或有时分枝；花序柄绿色，被数个鳞片状鞘；花序轴紫绿色，多少回折状，常具数朵由基部向顶端逐朵开放的花；花梗连同子房绿色，纤细；花色丰富，美丽。

花　果　期：花期一般在春节前后，观赏期长 2～3 个月。

产地与分布：亚洲热带地区至澳大利亚有分布。我国有 6 种，产于南方地区。广西产 5 种。

生态习性：生于热带雨林地区，喜暖畏寒，生长适宜温度为 15～20℃，冬季 10℃ 以下就会停止生长，低于 5℃ 容易死亡，最适宜的相对湿度为 60%～80%。

繁殖方法：播种繁殖、组织培养。

观赏特性与应用：花朵艳丽娇俏，颜色丰富明快，赏花期长，花朵数多，能吸收室内有害气体，摆放在客厅、饭厅和书房，既能净化空气又可作盆栽观赏；也可作切花、贵宾胸花、新娘捧花、花篮插花；还可用于布置兰花专类园。在春节、新年等节日可用于馈赠，或是摆于较为正式的场合。

绣球花科

绣球 *Hydrangea macrophylla* (Thunb.) Ser.

科　　属：绣球花科绣球属。

别　　名：八仙花、粉团花、草绣球、紫绣球、紫阳花。

形态特征：归入灌木。株高 1 ~ 4 m。茎常于基部发出多数放射枝而形成圆形灌丛；枝粗壮，圆柱形。叶片纸质或近革质，倒卵形或阔椭圆形。伞房状聚伞花序近球状或头状，花密集，似绣球，粉红色、淡蓝色或白色。

花　果　期：花期 6 ~ 8 月。

产地与分布：分布于山东、江苏、安徽、浙江、福建、河南、湖北、广东、广西、贵州等地。生于海拔 380 ~ 1700 m 的山谷溪旁或山顶疏林中。

生态习性：短日照植物，喜温暖、湿润和半阴的环境，栽培要避开烈日照射，以 60% ~ 70% 遮阴最为理想；土壤以疏松、肥沃和排水良好的砂壤土为宜。但土壤 pH 值的变化导致花色变化较大。为了加深蓝色，可在花蕾形成期施用硫酸铝。为保持粉红色，可在土壤中施用石灰。

繁殖方法：分株繁殖、压条繁殖、扦插繁殖、组织培养。

观赏特性与应用：园林中可配置于稀疏的树荫下及林荫道旁，片植于阴向山坡。适宜栽植于阳光较差的小面积庭院中。建筑物入口处对植两株、沿建筑物列植一排、丛植于庭院一角，都很理想。可植为花篱、花境。如将整个花球剪下，瓶插于室内，也是上等点缀品。将花球悬挂于床帐之内，更觉雅趣。

凤梨科

水塔花 *Billbergia pyramidalis* (Sims) Lindl.

科　　属：凤梨科水塔花属。

别　　名：红笔凤梨、水塔凤梨。

形态特征：株高 50 ~ 60 cm。叶丛莲座状，叶丛基部形成贮水叶筒，较大，有叶 10 ~ 15 片；叶片肥厚，宽大，边缘有棕色小齿。穗状花序直立，粗壮，自叶丛伸出；苞片披针形，长 5 ~ 7 cm，粉红色；萼片粉色；花冠鲜红色；花瓣外卷，边缘带紫色。

花　果　期：花期 6 ~ 10 月。

产地与分布：产于巴西。

生态习性：喜阳光，较耐寒。

繁殖方法：播种繁殖、分株繁殖、芽殖。

观赏特性与应用：在华南地区普遍露地盆栽，可作切花。

姬凤梨 *Cryptanthus acaulis* Beer

科　　属：凤梨科姬凤梨属。

别　　名：蟹叶姬凤梨、紫锦凤梨。

形态特征：多年生常绿地生草本植物。地下部分具块状根状茎，地上部分几乎无茎。叶密集丛生，叶片从根状茎处旋叠状丛生，向上辐射性发生，水平伸展成莲座状；叶片坚硬，条带形，先端渐尖；近茎干基部的叶片逐渐缩短，在植株中心互相抱合，形成贮水不漏的杯状叶筒，俗称"水杯"；叶肉肥厚，革质，表面绿褐色，边缘波状且具软刺；叶色艳丽，形态奇特，背面被白色鳞片，表面有红色、黄色、绿色、褐色、紫色等多种颜色。花序莲座状；花两性，白色；花葶自叶丛中抽出，白色，革质。

花　果　期：一般要经过3～4年的营养生长，植株才成熟开花。

产地与分布：原产于南美洲和非洲，尤以巴西东南部分布最多，是热带森林中或岩石上的地生性植株。喜温暖、适度干燥和有散射光照的环境。

生态习性：多浆，肉质，耐旱，耐30℃的闷热高温，也能短时忍受5℃以上的低温环境，具有较强的适应性。

繁殖方法：播种繁殖、分株繁殖、扦插繁殖。

观赏特性与应用：株形小巧玲珑，叶态雅致，花色鲜艳，是较为理想的室内观叶、观花植物。丛生莲座状的叶片具有各种颜色的斑纹，花朵具有美丽的苞片和五颜六色的花被，具有较高的观赏价值。

柳叶菜科

倒挂金钟 *Fuchsia hybrida* **Hort. ex Sieb. et Voss.**

科　　属：柳叶菜科倒挂金钟属。

别　　名：吊钟海棠、吊钟花、灯笼花。

形态特征：归入灌木。茎直立，多分枝，被短柔毛与腺毛，老时渐无毛。叶对生；叶片卵形或狭卵形，中部的叶较大，先端渐尖，基部浅心形或钝圆，脉常带红色，两面尤其是背面脉上被短柔毛；叶柄常带红色，被短柔毛与腺毛。花两性，单一，稀成对生于茎枝顶叶腋，下垂；花梗纤细，淡绿色或带红色；花管红色，筒状，上部较大，连同花梗疏被短柔毛与腺毛；萼片4枚，红色，开花时反折；花瓣色多变，紫红色、红色、粉红色、白色，排成覆瓦状，宽倒卵形，先端微凹。

花　果　期：花期4~12月。

产地与分布：原产于秘鲁、智利、阿根廷、墨西哥等中南美洲国家。是根据中美洲的材料人工培育出的园艺杂交种，园艺品种很多，广泛栽培于全世界。在我国广泛栽培，在北方地区、西北地区、西南高原温室种植生长极佳，已成为重要的花卉植物。

生态习性：喜凉爽、湿润的环境，怕高温和强光，忌酷暑闷热及雨淋日晒，在肥沃、疏松的微酸性且富含腐殖质、排水良好的土壤中生长较好。冬季要求温暖湿润、阳光充足、空气流通；夏季要求干燥、凉爽及半阴条件，并保持一定的空气湿度。

繁殖方法：扦插繁殖。

观赏特性与应用：花形奇特，极为雅致，盆栽用于装饰阳台、窗台、书房等，也可吊挂于防盗网、廊架等处用于观赏。

猪笼草科

猪笼草 *Nepenthes mirabilis* (Lour.) Druce

科　　属：猪笼草科猪笼草属。

别　　名：猴水瓶、猴子埕、猪仔笼、雷公壶。

形态特征：直立或攀缘草本植物。基生叶密集，近无柄，基部半抱茎；叶片披针形，边缘具睫毛状齿，卷须短于叶片；瓶状体大小不一，狭卵形或近圆柱形，被疏柔毛和星状毛。茎生叶散生，具柄；叶片长圆形或披针形，基部下延边缘，全缘或具睫毛状齿，两面常具紫红色斑点，卷须约与叶片等长，具瓶状体或否；瓶状体被疏毛、分叉毛和星状毛，具纵棱 2 条，近圆筒形，下部稍扩大，口处收狭或否，内壁上半部平滑，下半部密生燕窝状腺体，瓶盖卵形或长圆形，内面密生近圆形腺体。总状花序被长柔毛，与叶对生或顶生；花被片 4 枚，红色至紫红色。

花 果 期：花期 4 ~ 11 月，果期 8 ~ 12 月。

产地与分布：产于广东西部、南部。能适应多种环境，故分布较广，从亚洲中南半岛至大洋洲北部均有分布。生于海拔 50 ~ 400 m 的沼地、路边、山腰和山顶等灌丛中、草地上或林下。

生态习性：要求生活环境的湿度和温度都较高，并具有明亮的散射光，一般生于森林或灌丛的边缘或空地上。

繁殖方法：扦插繁殖、压条繁殖、播种繁殖。

观赏特性与应用：拥有独特的吸取营养的器官——捕虫笼，因其可爱、独特的外形深受盆栽市场欢迎，适合作吊盆装饰家居。

中文名索引

拉丁名索引

C

D

E

F

X

Y

Z